珠寶學·學珠寶

JEWELRY 101

推 薦 序

人類的生活是多元，多面向的。我個人推崇此理論，讓我們的生命處於平衡的狀態。人類生命中有一個很重要的面向在於與大自然的互動，與對自然造物者的崇敬。所以天然的寶石對人類的生命帶來了豐富的色彩。這是為什麼我非常贊同承倫用中文寫的這本新書。對讀者闡述這些迷人的寶石。這本書中，承倫不僅描述寶石的種類與特性，也分享他深入各地礦區的珍貴經驗。

Preface

There is an idea that human life is multifaceted. Personally I like this idea very much because it helps me to maintain different life aspects\facets in one good balance. One facet of human life is our interaction with Mother Nature and admiration in front of Nature creations. In this sense natural gemstones can be seen as a colorful facet of human life. That is why I welcome the Richard’s new book written in Chinese, devoted to most popular colored gemstones. In this book Richard not only describes gem varieties and properties but also shares his own extensive experience in traveling to gem deposits and localities to many exotic places.

如同承倫一樣，寶石本身也是一個好的旅行者。每一個寶石大多都是在某個國家被挖掘出來。卻在另一個國家切割與拋光，然後到第三個國家銷售，到第四個國家鑲嵌，最後的擁有者卻是住在第五個國家。
現在因為全球化，熱愛寶石，了解寶石的人可以到全世界直接取得寶石。也可以取得第一手的資料，讓寶石的知識愈來愈豐富。這本書的讀者可以對寶石產地有更多的認識，這在購買時有助於抉擇。

Like Richard himself gemstones are good travelers. A stone can be mined in one country, cut and polished in the other one, sold in the third one, mounted in the fourth and obtain the final owner in the fifth. Nowadays because of the globalization a person who loves and understands gems has an access to gems from all over the world. In this sense information about gemstone origin gives additional lore to a stone. Readers of this book will have more information about gems origin that is very helpful for making better buying decisions.

同時現在市面上有愈來愈多仿冒品，合成品，和人工處理過的寶石。只有高品質的天然寶石才是稀有與高價。這本書提供非常有用的資訊給寶石愛好者了解現今市場的狀況，進一步成為鑑賞家。

At the same time the number of gems on the market is constantly increasing because of imitations, synthetic and treated stones. Only natural high quality gems remain rare and highly priced. This book provides valuable information in popular manner that is very helpful for gem lovers to understand current market situation and became connoisseurs.

承倫在他的新書中點出各種寶石的獨特性因為它獨到的美與各別的特性。這本書收錄了許多高品質圖像，這些在寶石市場中屬於顏色豐富的好品質寶石。這就是為什麼要了解顏色與品質的等級如此重要。我希望所有讀者藉由這本書遨遊在彩色寶石豐富的世界，並希望這本書能吸引更多的人進入迷人的寶石世界，並且發現與寶石間感動的連結。

Richard in his new book is able to outline and emphasize that every gemstone is unique by its beauty and has its own personality as well.

The book is full of high quality illustrations showing rainbow of colors and wide spectrum of qualities including top colors and high end qualities that can be found at the gem and jewelry market. At the top of the market even slight deviation of color demands big difference in value. That is why understanding of color and quality gradations is vital for proper evaluation of a gemstone. I wish to all readers have a nice journey to the world of colored gemstones and hope that with this book more people can better understand the fascinating world of gemstones and even discover emotional connection with gems.

紅寶星石鑽戒 7.31 克拉 GRS
彩剛 9 顆 1.80 克拉 圓鑽 142 顆 0.91 克拉

尤里博士
俄羅斯莫斯科大學寶石中心實驗室負責人
Yuri Shelementiev Ph. D.
Head of testing laboratory
Gemmological Center of Moscow University,
Moscow, Russia

推 薦 序

With his life-time experience and knowledge in gemstones such as ruby and sapphire as well as his intuitive open-minded attitude, Mr. Richard is considered to be a respectful gemologist in Taiwan, a standing legendary person, who has continuously put his effort to create this book. His interest in gemstones was first aroused when he starts to collect gemstones from the well-known deposits around the world, for an example, Myanmar, Sri Lanka, Madagascar, China and many other countries.

His book on "Jewelery101 and Corundum" is another milestone that he reflects his personal perspective of the gem to the public. It is a collection of useful information on precious stones, presenting in such form that it may serve at once as a guide to the non-professional readers, a book of reference to the amateur, and yet a prove of equal interest to the general reader. In this book you will find the surprising discovery of rubies and sapphires in different localities around the world. Moreover, the certificate of origin determination of rubies and sapphires are also shown in the book for consumer confidence. As the director of the gem and Jewelry Institute of Thailand (Public Organization), GIT, it is my honor to have the opportunity to share my experience in origin determination of rubies and sapphires with the author and to have GIT gem report issued for the author illustrated in this book. Realizing the value of such legendary piece of information for Taiwanese generations, I recommend this book to all who are interested in gemstones and I hope to see the publication of this book has set the pace in Chinese market.

李承倫先生發揮研究的精神，投注他全部的精力，研究紅寶、藍寶與其他寶石。他在台灣是一位令人尊重的珠寶學家，一位傳奇人物，不斷鑽研珠寶知識的專家。他花了很多時間，到全世界各地的礦區，例如緬甸，斯里蘭卡等等，取得第一手資料。這本珠寶學學珠寶對他而言，又是一個新的里程碑，充份展現他的專業。書中珍貴的寶石圖片對於讀者或收藏家，都是非常有用的資訊。在這本書中你會發現不同產地的寶石有不同的特癥，證書對於寶石產地的鑑定的重要性。

身為泰國寶石鑑定所 (公立機構) 的主任，我很高興有這個機會與大家分享我的專業經驗，讓大家對 GIT 的證書更了解。也向各位推薦這本書，更樂於在華文的珠寶書輯中多了這本好書。

GIT

(The Gem and Jewelry Institute of Thailand 泰國寶石鑑定所)

總監

Wilawan Atichat

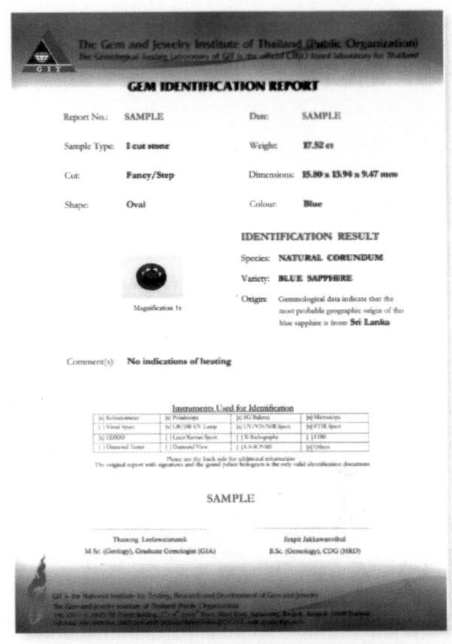

The Gem and Jewelry Institute of Thailand (Public Organization)

GEM IDENTIFICATION REPORT

Report No.: SAMPLE　Date: SAMPLE

Sample Type: 1 cut stone　Weight: 17.52 ct

Cut: Fancy/Step　Dimensions: 15.80 x 13.94 x 9.47 mm

Shape: Oval　Colour: Blue

IDENTIFICATION RESULT

Species: NATURAL CORUNDUM

Variety: BLUE SAPPHIRE

Origin: Gemmological data indicate that the most probable geographic origin of this blue sapphire is from Sri Lanka

Magnification 1x

Comment(s): No indications of heating

Instruments Used for Identification

SAMPLE

Thanong Leelawatanasuk　M.Sc. (Geology), Graduate Gemologist (GIA)

Jirapit Jakkawanvibul　B.Sc. (Gemology), CDG (HRD)

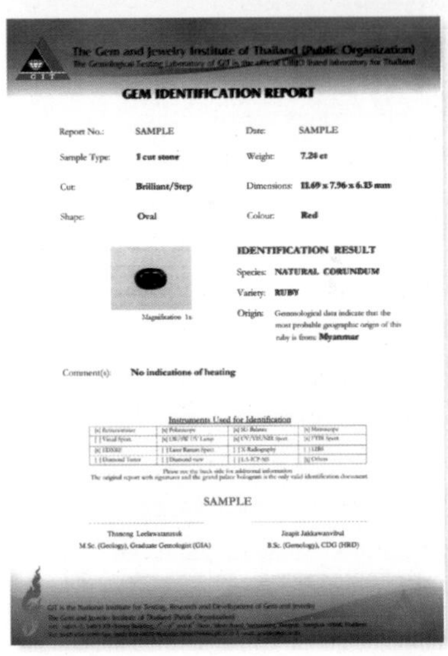

The Gem and Jewelry Institute of Thailand (Public Organization)

GEM IDENTIFICATION REPORT

Report No.: SAMPLE　Date: SAMPLE

Sample Type: 1 cut stone　Weight: 7.24 ct

Cut: Brilliant/Step　Dimensions: 11.69 x 7.96 x 6.13 mm

Shape: Oval　Colour: Red

IDENTIFICATION RESULT

Species: NATURAL CORUNDUM

Variety: RUBY

Origin: Gemmological data indicate that the most probable geographic origin of this ruby is from Myanmar

Magnification 1x

Comment(s): No indications of heating

Instruments Used for Identification

SAMPLE

Thanong Leelawatanasuk　M.Sc. (Geology), Graduate Gemologist (GIA)

Jirapit Jakkawanvibul　B.Sc. (Gemology), CDG (HRD)

GIT 證書

自 序

天然綠色榍石墜 3.5 克拉

回顧玩寶石這二十幾年來的所見所聞，以鑽石和彩色寶石相比，鑽石市場的變動不是這麼大。在鑽石的領域，除了這幾年彩鑽逐漸嶄露頭角之外，白鑽成長的算是平穩，反觀彩色寶石在規模與價格上飛快的成長，則令人匪夷所思。眾多股票上市的礦業公司大手筆投資寶石礦，最早是 1960 年，Rio Tinto 投資辛巴威 (Sandawana) 的祖母綠礦。近幾年，有 2004 年 Tanzanite One 投資丹泉石礦、2008 年 Gem Field 投資尚比亞祖母綠礦 (kagem) 馬達加斯加藍寶礦、祖母綠礦及莫三比克紅寶、2010 年 True North Gems 投資紅寶石礦，2011 年 Tanzanite One (Richland Resources) 又投資沙弗萊礦。近來，幾乎每一年彩色寶石界都有大消息，如 2007 年坦尚尼亞的 Winza 發現高品質紅寶，但沒多久 2010 年就挖完了，接著，2008 年莫三比克發現紅寶，越南的尖晶石也在市場上出現，坦尚尼亞的尖晶石、巴基斯坦與阿富汗的新礦，西藏的月光石，衣索匹亞的蛋白石；2012 加拿大上市公司 True North Gems 推出格陵蘭紅寶石；2012 年各大珠寶品牌分別推出榍石及磷輝石的珠寶作品。

在寶石的專業期刊上，記載全球寶石學家為各種彩色寶石的新礦努力做各種研究，切工師傅也不斷的創新新式切法改良火光。因此，各國政府開始重視彩色寶石的市場，並且大量使用現代化的專業機具開採。2012 年 2 月在馬達加斯加的 Ambatondrazaka 淘金時，發現了紅藍寶及金綠玉；2011 年夏天在錫蘭 Katharagama 挖馬路時發現了藍寶，由於有色寶石不斷有新礦源的發現，Gem filled & Richland Resources 等國際大型開礦公司開始大量投資開礦，並且固定拍賣礦石給全世界的寶石工廠，因此帶動了全世界彩色寶石的投資。當然各國政府也加入開採的行列。肯亞的礦物局 (Kenya Chamber of Mine) 在肯亞積極找新礦；丹泉石基金會 (Tanzanite Foundation) 在當地蓋學校、做建設，改善人民的生活。Gem filled 成立 World Land Trust 救大象；莫三比克政府與法國人合作造橋鋪路，甚至建造機場；奈及利亞礦物局成立寶石加工學校；泰國政府為了鼓勵泰國寶石產業，出資成立 GIT 鑑定所，成為全世界唯一一所國營色彩的鑑定所。

磷輝石墜

寶石之所以為人所愛，是因其美麗的光彩令人著迷，又因為稀有而價值不斐，所以寶石是一門值得好好探索的學問！這本書希望帶領讀者從認識各式各樣的寶石開始，到了解寶石的稀有珍貴性，希望給讀者正確的觀念，以及判斷的依據。

現在全世界的彩色寶石市場非常火熱，因為買家關心寶石的產地及內含物的判定，因此鑑定所的服務就愈來愈重要，需求也愈來愈多，收藏家本身若能具備基本的寶石知識會更好，許多寶石愛好者只看證書、只認產地，完全依賴鑑定所或聽從沒有根據的説法，是很危險的！我希望透過這本書跟大家分享寶石學的知識，且共同學習研究，一起成長。古人説的好，盡信書不如無書，讀萬卷書不如行萬里路，這些形成於億萬年前的寶貝絕對不是一張證書所能表達其價值的，希望各位好朋友及同好們能多看、多聽、多學，共勉之。

這本書能完成要感謝很多人，除了編輯拍照的立旂、柒柒、銘仁、小墨之外，莫斯科大學寶石實驗室的 Dr. Yuri Shelemenfrevl、GIT(泰國寶石學院) 的 Mis Wilawan & Thanong 及瑞士寶石鑑定所 GRS 的寶石權威 Dr. Peretti，謝謝你們的指導。

CONTENTS

目　錄

< 1 >

CHAPTER ONE

CHAPTER TWO

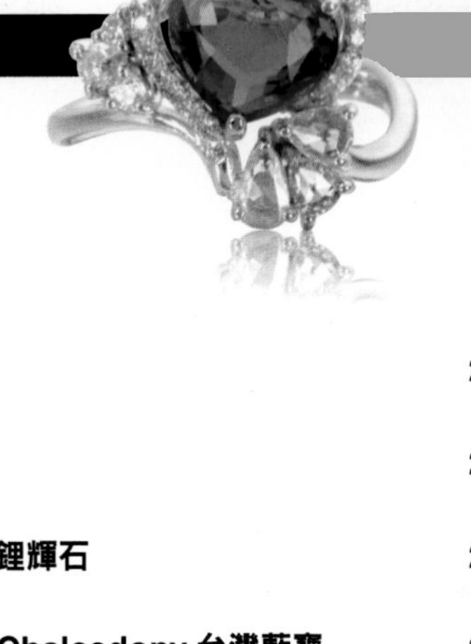

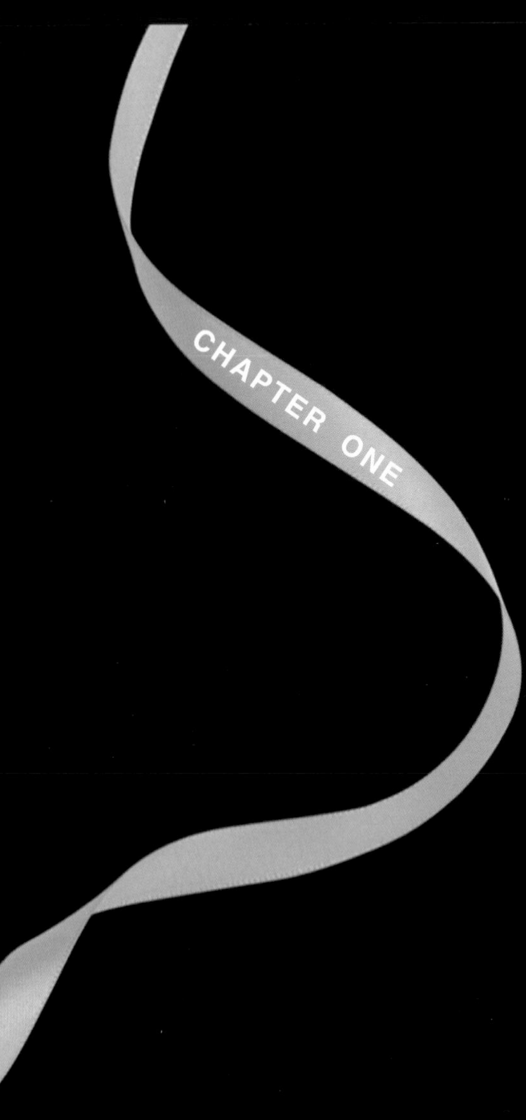
CHAPTER ONE

鑽 石 鑑 定 標 準

Diamond Characteristics

Your guide to diamond quality and value.

When considering the purchase of a diamond, knowing the 4C's is essential.

Carat(CT) / 重量

Clarity / 淨度

Color / 顏色

Cut / 車工

CARAT/克拉

Weight and Size/ 重量與大小

2cts.

0.75ct.

1.75ct.

0.50ct.

1.50ct.

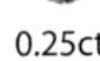

0.25ct.

1.25ct.

0.10ct.

1ct.

0.05ct.

The weight of a diamond is measured in carats.

- One carat =100 points.
- Half carat = 50 points.
- Quarter carat =25 points.

The heavier and larger the diamond, is more rare it usually is.

鑽石的重量以克拉為計算單位，1 克拉等於 100 分，半克拉即是 50 分，四分之一克拉等於 25 分。

即使克拉為明確分辨鑽石價值的要素之一，但是並非決定鑽石價值的主要因素，會依不同的車工、顏色及淨度等，作為最後價值的評斷依據。

CLARITY/淨度

Perfectly clear is a rare find/ 難得一見的純淨無瑕與獨特性

Most diamonds contain very tiny inclusions that make them unique.

The fewer and smaller the inclusions, the rarer the diamond.

To determine a diamond's clarity, it is examined under 10x magnification by a trained eye.

鑽石大部分都帶有與生俱來的內含物，也使得他們如印記般的獨一無二。
鑽石的淨度檢定，是由專業的鑑定師以 10 倍放大鏡檢視，依內含物的大小、數量、位置、種類和顏色或明顯程度，來決定鑽石的淨度等級。

FL
Flawless 完美無瑕
IF
Internally flawless with minor surface blemishes
內部完美無瑕

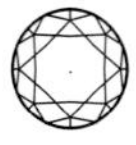

VVS1
VVS2
Very very small inclusions (not visible to the naked eye)
極微小的內含物
（肉眼無法辨識）

VS1
VS2
Very small inclusions (not visible to the naked eye)
非常微小的內含物
（肉眼無法辨識）

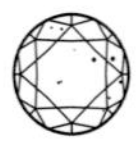

SI1
SI2
SI3
Small inclusions (not visible to the naked eye)
微小的內含物
（肉眼無法辨識）

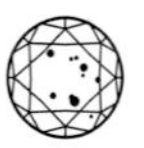

I1
I2
I3
inclusions (visible to the naked eye)
內含物肉眼可見
（美觀及堅固度會受影響）

COLOR/顏色

Colorless is extremely rare/ 極致稀有的無色

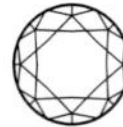

D-F
Colorless
透明無色

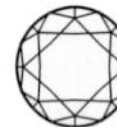

G-J
Near Colorless
接近無色

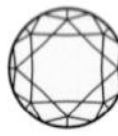

K-M
Slightly Tinted
極微黃色

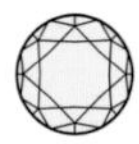

N-R
Very Light Yellow or brown
極微黃色

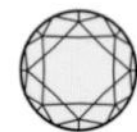

S-Z
Light Yellow or brown
淡黃色

超過W~Z顏色以上
皆稱為*Fancy Light*

Diamonds come in a range of natural colors, from totally colorless to shades of yellow or brown.

A completely colorless diamond is most rare.

Color is personal choice choose your diamond based on how its subtle shade appeals to you.

鑽石的天然體色可從透明無色到微黃至罕見的金黃色、綠色、橘色、藍色、粉紅及其他繽紛色彩。

完全無色的鑽石很少見，大多呈現棕色及淺黃，而其顏色等級由 Diamond 的 "D" 開始至 "Z"，皆代表著細微的顏色等級區分。

選擇自己的鑽石顏色是個人的喜好，顏色對人的特殊吸引力，往往讓人難以抗拒它的美麗。

【白鑽顏色評級對照表】

各個鑑定所及區域，對於相同顏色，不同的評級詞對照表

GIA	EGL	香港	AGS	CIBJO		HRD		Old Term
D	D	100	0.0	Exceptional White	+	Exceptional White	+	River
E	E	99	0.5	Exceptional White		Exceptional White		
F	F	98	1.0	Rare White	+	Rare White	+	Top Wesslton
G	G	97	1.5	Rare White		Rare White		
H	H	96	2.0	White		White		Wesslton
I	I	95	2.5	Slightly Tineted White	+	Slightly Tineted White		Top Crystal
J	J	94	3.0	Slightly Tineted White				
K	K	93	3.5	Tinted White	+	Tinted White		Top Cape
L	L	92	4.0	Tinted White				Cape
M	M	91	4.5	Tinted 帶色調		Tinted 帶色調		Cape-Yellow
N	N	90	5.0					
O	O	89	5.0					
P	P		6.0					
Q	Q		6.5					
R	R		7.0					
S	S		7.5					
T	T		8.0					
U	U		8.5					
V	V		9.0					
W	W		9.5					
X	X		10.0					
Y	Y							
Z	Z							

COLOR/彩鑽顏色

Colorful diamond/ 繽紛的彩鑽

Fancy
中彩

Faint
微弱

Fancy Intense
濃彩

Very Light
很淡

Fancy Deep
深彩

Light
淡

Fancy Vivid
豔彩

Fancy Light
淡彩

Fancy Dark
暗彩

Naturally fancy colored diamonds are the most valuable gemstones on the planet as determined on a price per carat basis.

彩鑽的繽紛色彩非常討喜並且極具收藏價值，顏色的呈現有黃、橘、藍、綠、紅、粉紅、黑及變色龍等等，細膩的顏色變化豐富，因此一般以彩度濃淡九個等級做為分級的依據。越鮮豔的色彩相對的越稀有價格更高。

黃或棕鑽要到**Fancy**以上才能稱為彩鑽，其他顏色的彩鑽因數量稀少，只要帶顏色**faint**以上就稱為"彩鑽"。

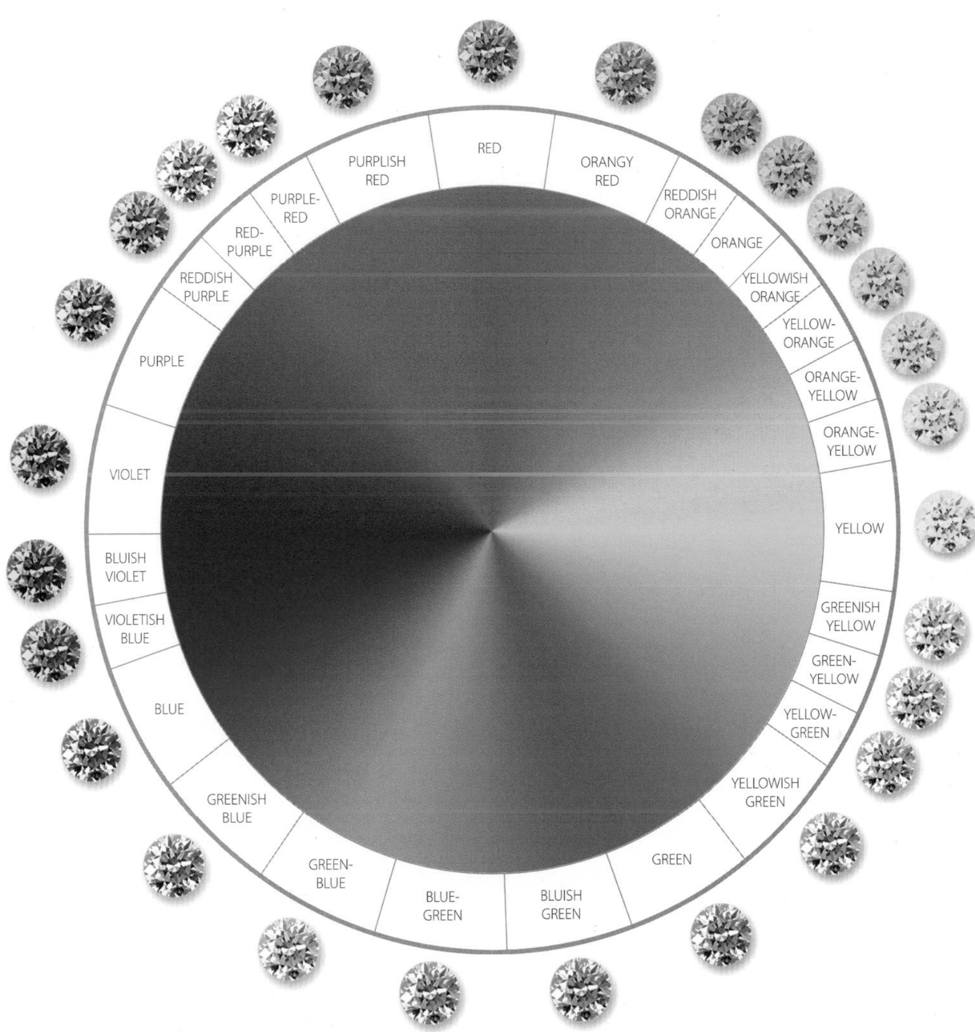
RED
ORANGY RED
REDDISH ORANGE
ORANGE
YELLOWISH ORANGE
YELLOW-ORANGE
ORANGE-YELLOW
ORANGE-YELLOW
YELLOW
GREENISH YELLOW
GREEN-YELLOW
YELLOW-GREEN
YELLOWISH GREEN
GREEN
BLUISH GREEN
BLUE-GREEN
GREEN-BLUE
GREENISH BLUE
BLUE
VIOLETISH BLUE
BLUISH VIOLET
VIOLET
PURPLE
REDDISH PURPLE
RED-PURPLE
PURPLE-RED
PURPLISH RED

【色立體】

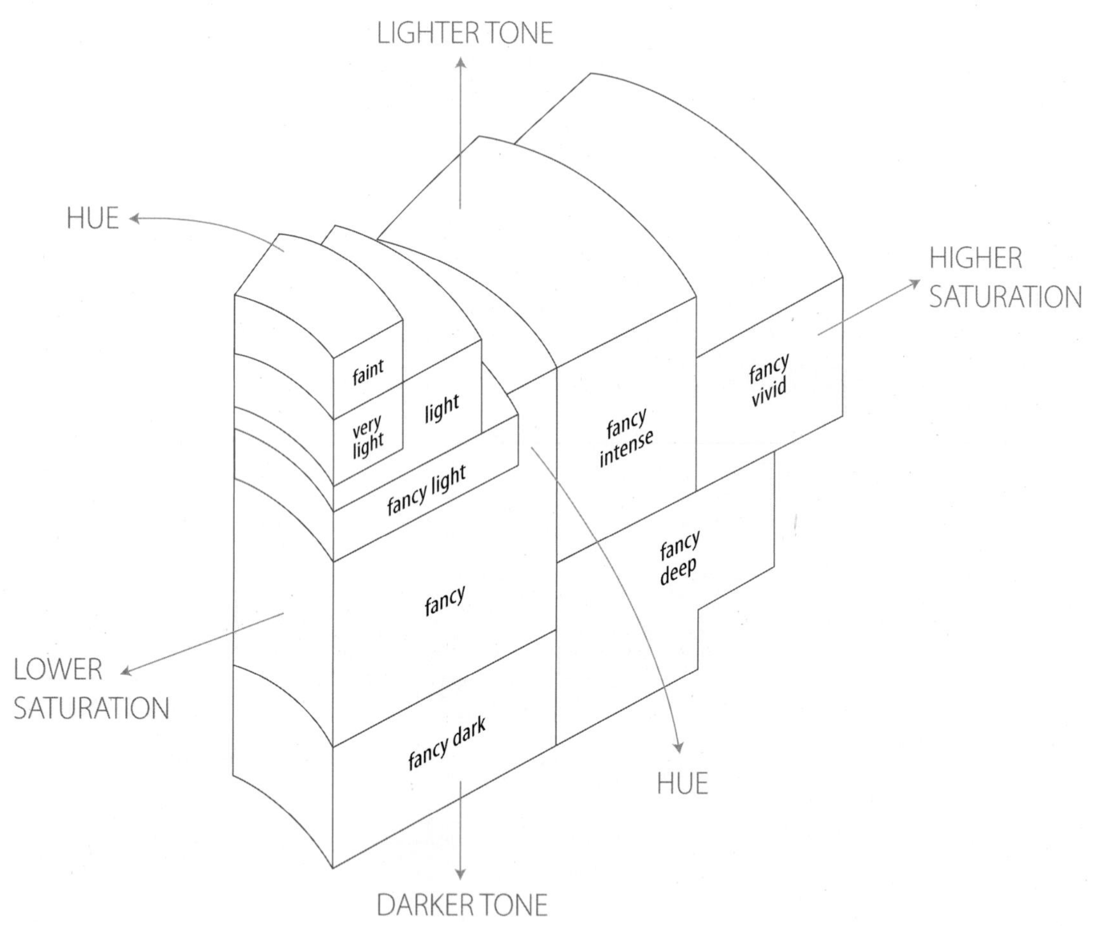
LIGHTER TONE
HUE
HIGHER SATURATION
faint
very light
light
fancy light
fancy intense
fancy vivid
fancy deep
fancy
LOWER SATURATION
fancy dark
HUE
DARKER TONE

CUT/車工

A good cut brings out more sparkle/ 完美切工 璀璨閃耀

Cut is not the shape of a diamond it only refers to the arrangement of a diamond's facets.

When cut to good proportions, the diamond is better able to handle light, and creates more brilliance and more sparkle.

A well-cut diamonds will always look brilliant, no matter what setting it's in.

鑽石的形狀、比例及修飾(拋光與對稱)，稱為車工。當比例切割得宜，鑽石光芒就如鏡面反射一樣，經由不同切割面的反射凝聚於鑽石頂部，完美車工指的就是能產生最多亮光、火光及閃亮的呈現，這也是賦予鑽石更高價值的要素之一。

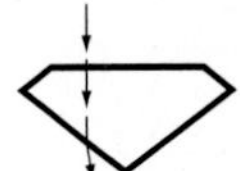

Cut too shallow
light escapes through the bottom
切割太淺 光線反射無法集中

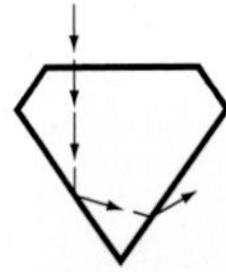

Cut too deep
light escapes through the sides
切割太深 光線反射無法集中

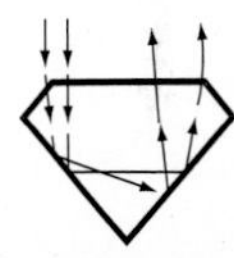

Perfectly cut
more light, more brilliance on top
完美車工 光線反射集中增加
鑽石閃耀及亮度

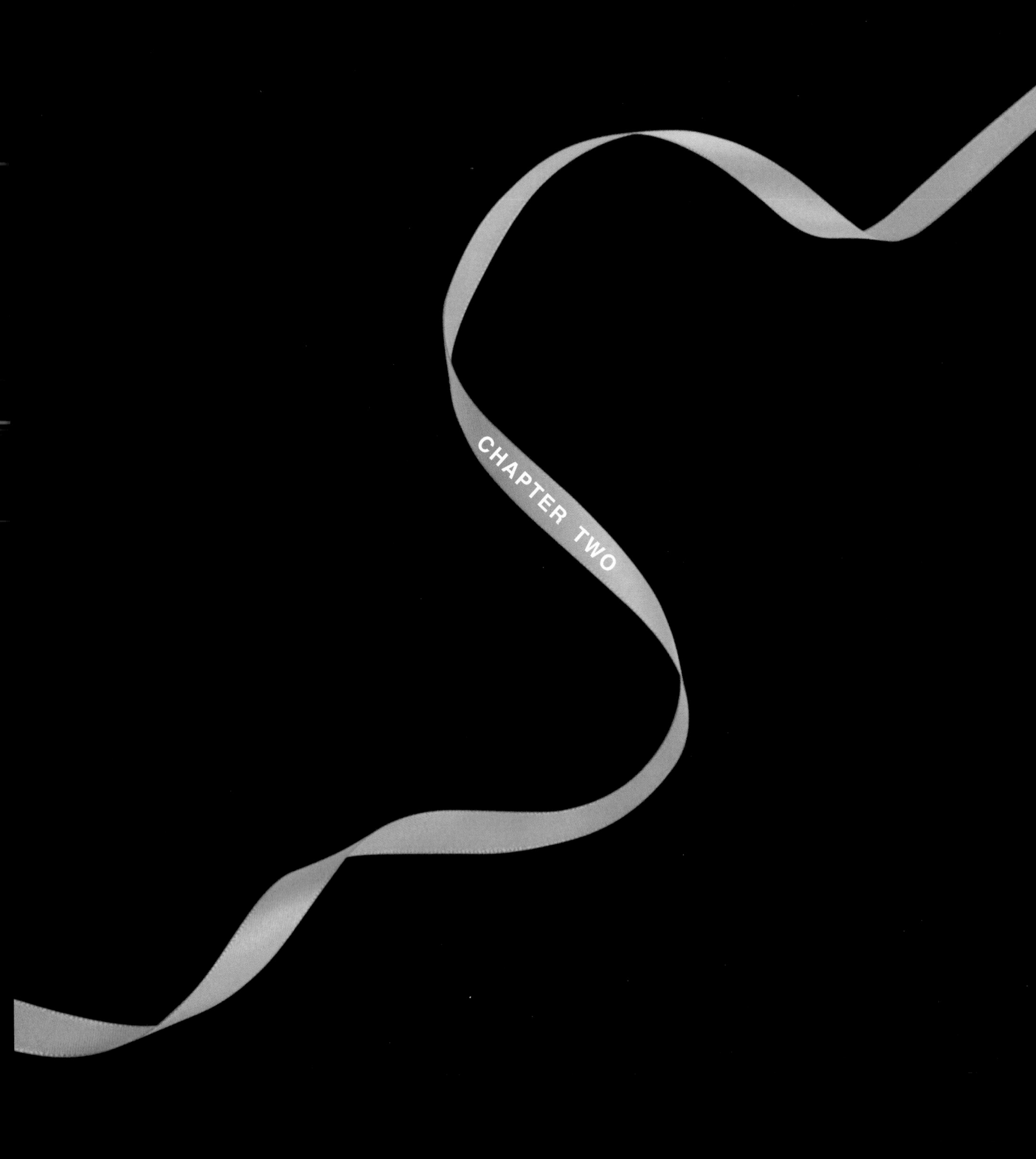
CHAPTER TWO

Beryl

綠 柱 石

祖母綠原礦

Beryl

綠 柱 石

產地：南非、阿富汗、奈及利亞、中國、挪威、辛巴威、俄羅斯、尚比亞、印度、斯里蘭卡、迦納、巴基斯坦、馬達加斯加、衣索比亞、加州、巴西、烏克蘭。

- 礦物學名：綠柱石
- 化學成份：$Be_3Al_2Si_6O_{18}$
- 比重：2.68~2.80
- 摩氏硬度：7.5~8
- 結晶構造：六方晶系
- 折射率：1.577-1.583

挑選哥倫比亞祖母綠原石 (Colombia emerald)

哥倫比亞祖母綠裸石 1.47 克拉

特殊的祖母綠**生長紋理**

屬於綠柱石家族的祖母綠，以哥倫比亞所出產的最為聞名。其中，在哥倫比亞的 Muzo 祖母綠礦中，有一種稀少的磨盤祖母綠因其特殊的內部生長紋理，是由含碳的物質形成 6 條黑色紋路，稱作 Trapiche。1946 年在著名礦區 Muzo 首次發現這種罕見的祖母綠寶石一 Trapiche。寶石中心有一六邊型的核心，由此放射出太陽光芒似的六道線條，形成一個星狀的圖案，非常特殊。

稀少的磨盤祖母綠 Trapiche

巴西挑選祖母綠原礦 (Brazil)

尚比亞 (Zambia mine) 的祖母綠原礦

祖母綠鑽戒

綠柱石 Beryl，名稱源於希臘文“Beryllos”，意為“海水般的藍綠色”，主要產於偉晶花崗岩當中，必須用爆破的方式開採，因此數量稀少且品質好的綠柱石非常珍貴。祖母綠為價值最高的綠柱石，歐美人士對於祖母綠的喜好就像中國人喜好玉一樣，綠柱石家族當中除了祖母綠、海水藍寶較為人所知外，偏黃的稱為 Golden Beryl；偏黃綠稱為 Heliodor；紅色的綠柱石稱為 Bixbite Beryl，只產在美國猶他州，非常稀少。還有一種 Goshenite 是無色的綠柱石。而粉紅色的綠柱石，稱為摩根石 Monganite。

在非洲發現的假的祖母綠原礦

祖母綠 Emerald

祖母綠是最珍貴的古老寶石之一，遠在五千年前的埃及就有古書記載埃及皇后非常喜歡這種寶石。產祖母綠的礦叫做 Cleopeatra's Mine，而其他地方關於寶石的文獻還有印度與奧地利，都有關於發現祖母綠的記錄。祖母綠的顏色從淺綠到深綠色都有，因為含有釩及鉻的緣故，有時也會偏黃或偏藍。當然，祖母綠以純色深綠色及乾淨的晶體最為昂貴，有時高品質的祖母綠甚至要價一克拉數萬美金。但是由於祖母綠的特癥就是三相內包物，內含

物極多，因此寶石界以瑕疵花園來形容祖母綠的內含物。另外，祖母綠因為其內含物多且易有礦缺，因此常用油料或硬化劑樹脂填充，因此購買時最好請教專家及挑選有證書的祖母綠，較有保障。目前全世界高品質的祖母綠礦有百分之五十到八十是來自於哥倫比亞的 Muzo、Chivor 和 PenaBlanca 礦，早在 500 年以前就已開始有開礦的紀錄，所以知名度最高。

巴西祖母綠發現於 1913 年的 Bahia 州，一直到了 1963 年祖母綠才開始商業化開採，但是由於哥倫比亞的產地 Muzo 的祖母綠，顏色深且品質優良，所以巴西的祖母綠會運送到哥倫比亞當作哥倫比亞的祖母綠出售。80 年代，巴西的祖母綠愈來愈有知名度，Minas Gerais 的 Itabiro 和 Bahia 州的 Carnaiba，世界公認巴西的祖母綠也有不錯的品質。

祖母綠套組
上圖 墜 總重約 20 克拉
下圖 戒 總重約 20 克拉
右上 耳環 總重約 20 克拉

尚比亞祖母綠裸石

產　地	開採時間	特　色
尚比亞祖母綠 (Zambia)	1931 發現 1967 量產	綠色偏藍、淨度高 線在市場上 80% 的祖母綠都產自尚比亞
巴西祖母綠 (Brazil)	1913 發現 1963 量產	顏色較淺 (含釩致色)
辛巴威 (山達瓦那) (Zimbabwe)	1956 發現 1993 量產	鮮艷綠色，顆粒小，多用於配石
哥倫比亞 (Colombia)	十六世紀發現 並開採至今	顏色中至濃綠 (含鉻致色)，也有些顏色是帶黃綠。是世界上公認最有價值的祖母綠，但是一般淨度差，所以大多會加以浸油處理，是被市場所接受的。在 Muzo 發現有一種特殊的六角中心條紋，名為 Trapiche。

左圖 海水藍寶原礦 下圖 非洲的海水藍寶原礦

海水藍寶 Aquamarine

綠柱石家族成員之一，內含鐵離子，以海水藍稱之色彩，如由「Aquamarine」的字根意義解釋下，拉丁語字根 "Aqua 水 " 加上 "Mare 海 " 為名。傳說古時候的水手們相信，美人魚的魚形下身是由海水藍寶製成的，認為它可以保護航程的安全並得到漁獲的豐收，成為出海水手們幸運的寄託。

大多數的海水藍寶都帶有輕微的綠色光澤，通常會透過加溫處理，使顏色更加偏藍，在價格上，以顏色越飽和與雜質少者，價格越高。由於各大珠寶品牌，近年來不約而同的推出海水藍寶，因此價格也不斷的推升。

馬達加斯加的海水藍寶原礦 (Madagascar)

巴西的海水藍寶原礦 (Brazil mine)

筆者手上拿著重達 10 公斤的巴西海水藍寶原礦

右圖　海水藍寶貓眼裸石　海水藍寶同時擁有貓眼現象是十分罕見珍貴的寶石。(Aquamarine cat's eye)

Madagascar 色彩多樣的綠柱石，其中有 Golden Beryl 、Heliodor、Morganite。

巴基斯坦 86 克拉海水藍寶裸石

馬達加斯加海水藍寶裸石

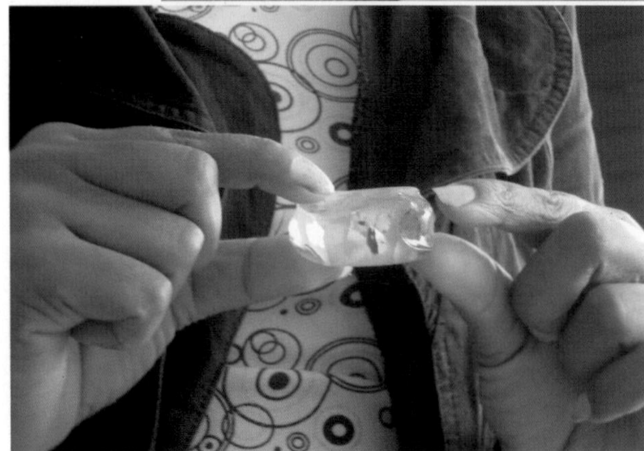

在馬達加斯加發現的假的海水藍寶

無燒海水藍寶裸石 414 克拉 GRS

海水藍寶套鍊
海水藍寶 34.4 克拉 配鑲海水藍寶 12 顆共 85.09 克拉
粉剛 237 顆 丹泉石 13 顆 3.8 克拉

海水藍寶花型墜 海水藍寶 5 顆 10.72 克拉
藍寶彩色設計戒 拓帕石 2 顆 共 2 克拉
寶吉祥獸 311.15 克拉 GRS

1

2

3

摩根石 Morganite

粉紅色的綠柱石，內含錳離子，呈玫瑰紅色，是由著名的寶石學家昆茲博士 (George Frederick Kunz，1856-1932) 所發現，為了紀念熱愛寶石的美國著名的銀行家 (John Pierpont Morgan，1837-1913) 而以其命名。市場上的原礦大部分來自巴西及非洲的莫三比
及坦桑尼亞。

1. 摩根石男戒 2. 摩根石粉剛戒 18.96 克拉 3. 摩根石鑲鑽戒 12.07 克拉

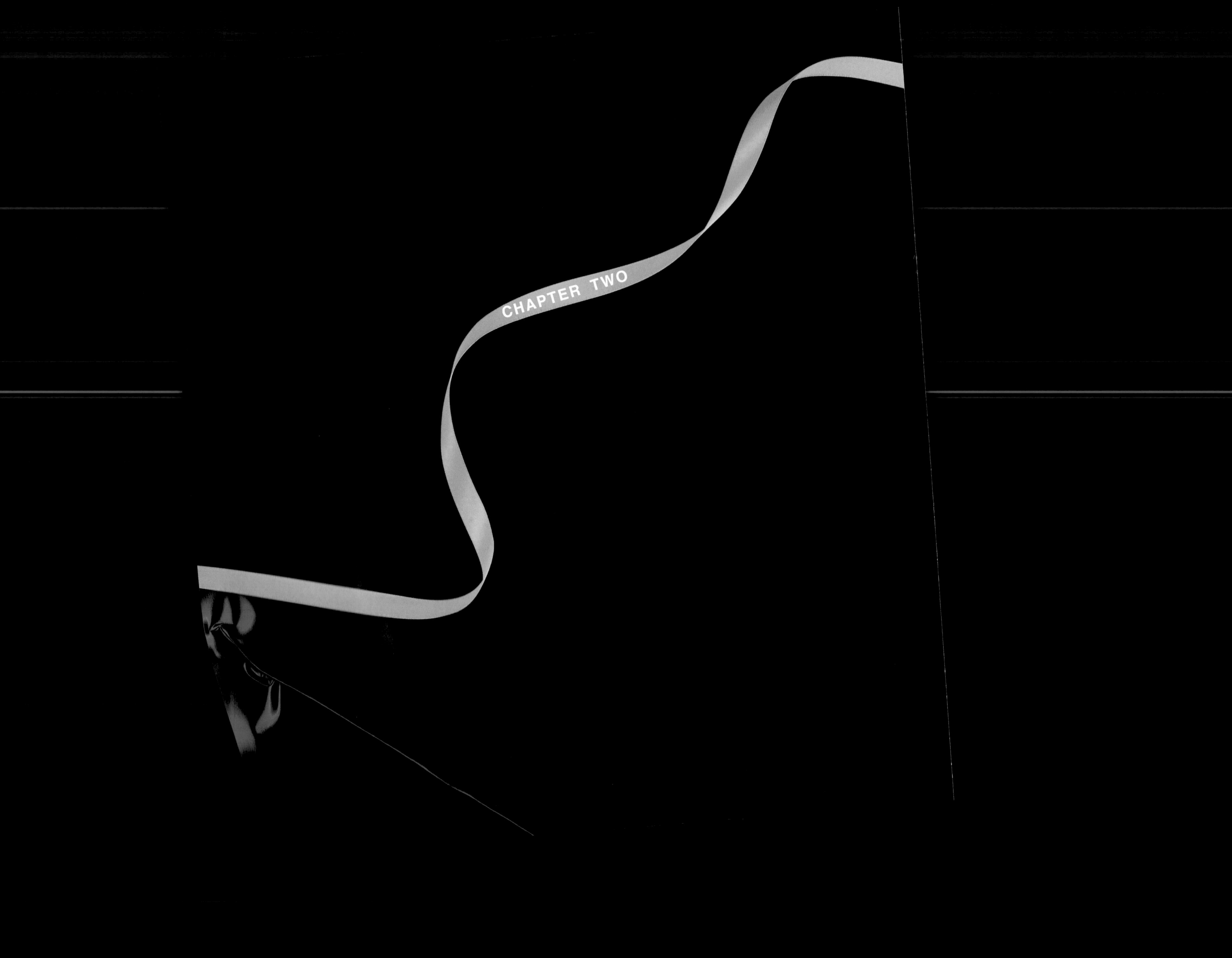
CHAPTER TWO

Corundum

剛　玉

山東藍寶原礦

Corundum

剛　玉

產地：泰國、中國、緬甸、印度、喀什米爾、馬達加斯加、斯里蘭卡、美國蒙大拿、澳洲、巴西與高棉、坦尚尼亞、莫三比克、肯亞、辛巴威、塔吉克斯坦。其中以喀什米爾藍寶價位最高。

綠色剛玉

- 礦物學名：剛玉
- 化學成分：Al_2O_3
- 比重：4.00
- 摩氏硬度：9
- 結晶構造：六方晶系
- 折射率：1.762~1.770 雙折射性

斯里蘭卡礦區 (Sri Lanka mine)

產於錫蘭的彩色剛玉原礦

美麗之島
寶石的天堂『錫蘭』

上圖　1892 年在美國蒙大拿州 Montana Rock Creek 發現藍寶石 Yugo Valley 到現在仍有藍寶石開採

錫蘭就是今天的斯里蘭卡，它與印度的相對位置就像台灣位於大陸的東南邊一樣。地理普遍來説斯里蘭卡人比印度人更好客、更友善，這是我對斯里蘭卡的第一印象：一個物產非常豐盛的小島，有著名的錫蘭紅茶，外界更封錫蘭是寶石的天堂。斯里蘭卡從北到南都出產寶石，當地政府為了怕過度開採，只允許小規模的開採，因此外界評估斯里蘭卡應該還是世界上寶石蘊藏量最豐盛的地方之一。只不過，之前因為內亂而使得產量不穩定。2008 年錫蘭北部的恐怖份子 Ceylon Tiger 被剷除之後，民眾才不致於生活在恐懼之中。

當地礦工們簡陋的住所

Padparacha 2.24 克拉

無燒粉菊剛玉 5.06 克拉 Orangy Pink GIA AGL

因為生活品質的改善、消費水準提升，寶石的價格也跟著扶搖直上，再加上政府有計劃的把礦區業者集合到中國推廣，甚至參展，因此錫蘭藍寶的價格不能同日而語，一克拉要價美金 8000 元的算是便宜的，錫蘭特產優質的 Padparacha(粉橘剛玉) 更是一克拉上萬美金。

在河中開採是當地的一大特色，若是遇上下大雨，洪水泛濫之後，更會看到數百人在河中用長柄、勺子撈取寶石。高品質的皇家藍 (Vivid Blue) 藍寶及藍寶星石在錫蘭人眼中是上帝賜予最美好的禮物。不過因為開採是很辛苦的工作，現在只剩下老礦工還在礦井裡工作，他們身上就只圍了一塊布，平常就圍在下半身，若是到河裡，這塊布就用來圍在頭部遮陽，平常就住在礦坑附近，非常簡陋，難怪年輕人都不願意從事。

粉剛鑽戒 粉剛 4.07 克拉 Vivid Pink GRS

Padparacha 2.48 克拉 GIA

粉紅剛玉鑽戒 5.03 克拉 GRS

無燒粉剛 5.64 克拉 GRS

粉剛鑽戒 3.04 克拉

七色彩剛寶石墜

剛玉 Corundum，源自梵文的 Kurand，有鋼硬之意，通常形成於火成岩與變質岩中。剛玉會因為含了不同元素離子而形成不同的色彩。剛玉除紅色稱為「紅寶石 Ruby」，藍色稱為「藍寶石 Sapphire」及紫粉紅色稱為「帕德瑪剛玉 Padparacha」外，其餘色彩皆習慣以「藍寶石 Sapphire」稱之，只需在藍寶石前加上色彩名稱即可，如黃色藍寶石 Yellow Sapphire、粉紅色藍寶石 Pink Sapphire，因此在亞洲市場為了不使名稱混淆，通常都將紅、藍寶以外的寶石，稱為彩色剛玉，如黃色剛玉、粉紅色剛玉及白色剛玉 (稱為白寶石) 等等。

上圖 無燒彩剛套鍊 紫剛 9.02 克拉 粉剛 1.56 克拉 配鑲 白鑽 3.07 共克拉 玫瑰鑽 2.23 共克拉 各色彩剛共 32.96 克拉 丹泉石共 14.37 克拉
下圖 產於馬達加斯加的著名產地 Umba Valley 無燒紫剛玉孔雀耳環 3.22 克拉 / 2.66 克拉 GRS

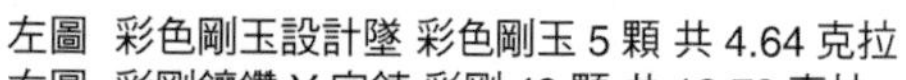

左圖 彩色剛玉設計墜 彩色剛玉 5 顆 共 4.64 克拉
右圖 彩剛鑲鑽 Y 字鍊 彩剛 49 顆 共 12.72 克拉
下圖 紫色剛玉星石戒 7.29 克拉

左圖 黃寶戒 9.41 克拉 Vivid Yellow Orange
上圖 心型彩色剛玉套鍊
右圖 黃寶男戒 6.34 克拉 GRS

中國山東藍寶礦 (China sapphire mine)

左圖 山東礦區 藍寶原礦
上圖 無燒藍寶戒 2.47 克拉 GRS、GIA

無燒 藍寶 14.23 克拉 GRS

Sapphire 藍 寶

尋找失落的**中國藍寶**
Shan dong , China

山東昌樂藍寶，本來是當地政府的重點推廣項目，在中國的寶石界是無人不知的，但是 2008 年，中央政府卻發出了限採令，讓業者苦不堪言。之後著名的昌樂藍寶更轉為地下化經營，山老鼠到處濫採，反而破壞環境更嚴重。我們一路打聽哪裡有開採，但都沒人知道，不然就是不確定在哪裡，就這樣一路摸索到鄉間，沒想到居然讓我們問到當地農夫知道目前正在開採的地方。轉過幾片竹林，眼前出現已挖掘了約兩層樓深的坑洞，工人用強力水柱沖刷泥堆，女工再做掏選，一天下來只有幾個晶體。後來工頭來了 , 問我們要做什麼 , 他們深怕政府查察，氣氛開始緊張了起來，我們趕緊說明我們是來自於台灣的寶石愛好者，請他們勿需多疑，不會有問題！

昌樂藍寶石結晶顆粒大又黑、不透明，用強力燈光照射下，才能看到藍色這種火成岩形成的藍寶石，與泰國、柬埔寨的內含物雷同。

筆者攝於山東藍寶礦區

充滿危險 卻得天獨厚的 **馬達加斯加** Madagascar

目前從台灣飛馬達加斯加最便捷的方式，是從香港搭機到模里西斯再轉機飛往馬達加斯加的首都安塔那那佛。

馬達加斯加是全世界排名前十名落後的國家之一。從飛機上鳥瞰機場，有時居然還要將羊群趕離開跑道，飛機才能降落。機場內的警察或關員各個都要用錢打點，聽說這根本是一個無政府狀態的地方。

1990 年代左右，馬達加斯加的 ILAKAKA 發現了非常豐富的藍寶礦，使得它從原本只是 30 人的小村，在十年間發展成數萬人的小城。即便有來自

馬達加斯加變色無燒藍寶戒 9.58 克拉 GRS

全世界各地的買主到這裡尋寶，當地的治安還是壞到不行。從安塔那那佛飛到距 ILAKAKA 最近的機場，是位於南部觀光城市 Toliara，沒想到在當地要租車請司機到 ILAKAKA 卻沒人願意，因為治安太差，沒人願意冒生命危險。最後在翻譯情商與重金之下必有勇夫的吸引下，付出高價才找到一部車願意前往，但是司機特別聲明：只保證帶人過去，但是不能保證安全，且沿路告知不要下車，下午四點以後不能出門。

在 ILAKAKA 路邊看到一個個 20 呎的小貨櫃屋，從開的小窗中看到來自印度，泰國的珠寶商們擠在小貨櫃裡生活，並靠著圍滿鐵條的窗戶與礦區的小礦主或礦工交易。到了這裡才知道，治安壞到極點！

2012 年 2 月，馬達加斯加發現新礦 (Didy) 藍寶石。

上圖　藍寶原礦墜 藍寶 1.41 克拉
其他原礦 6.72 克拉
下圖　馬達加斯加擁有許多特殊的物種，變色龍隨處可見。

搶劫、殺人時有所聞，身為黃皮膚的東方人更是顯眼，一下車，數十名礦工就圍過來，非常危險！我更被司機訓斥害大家處於危險之中，所以後來我只好待在車上，打開一點窗戶看礦工一一遞上寶石。在這個人人手上握有寶石的不毛之地，每個礦工卻都存著一夜致富的夢想，但是透過車窗仔細檢視著礦工手中的寶物，品質良莠不齊，還有玻璃、人造寶石夾雜其中，這時候只有靠上帝及看寶石的功力了！

無燒藍寶戒 4.2 克拉

ILAKAKA 藍寶礦區

底圖 ILAKAKA 無法想像這個小鎮因為發現藍寶石，從 2.30 人的小村莊發展成 10 萬人的城市。
左上 2012 年 2 月，在挖掘金子時所意外發現的 Ambatondrazaka Didy village 紅寶及藍寶新礦區
右上 ILLAKA 馬達加斯加著名的藍寶 (帶藍綠灰色)。

GIA 變色無燒藍寶星石戒 24.88 克拉

1. 礦工們住的簡陋帳棚
2. 安祺貝拉當地的露天市集
3. 在當地飯店交易彩色剛玉原礦
4. 當地的土磚瓦房建築

1

4

5

3

6

馬達加斯加所產的偏綠色藍寶石

1. 馬達加斯加一望無際的貧脊之地
2. 路邊兜售的寶石小販
3. 當地的寶石店
4. 貧脊之地特有的麵包樹果實
5. 馬達加斯加四面環海，當地人們仍是以傳統木筏捕魚
6. 馬達加斯加的特產：菊石與天青石

斯里蘭卡 Katharagama

2011 年斯里蘭卡**新發現的藍寶礦區**

斯里蘭卡矢車菊藍藍寶
6.28 克拉 GRS

(Sri Lanka new mine) 斯里蘭卡藍寶 12.21 克拉 GRS

斯里蘭卡 Kathalagama 藍寶原礦

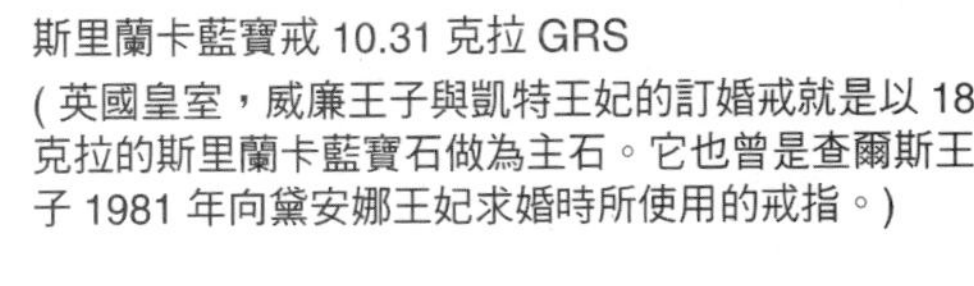

斯里蘭卡藍寶戒 10.31 克拉 GRS
(英國皇室，威廉王子與凱特王妃的訂婚戒就是以 18 克拉的斯里蘭卡藍寶石做為主石。它也曾是查爾斯王子 1981 年向黛安娜王妃求婚時所使用的戒指。)

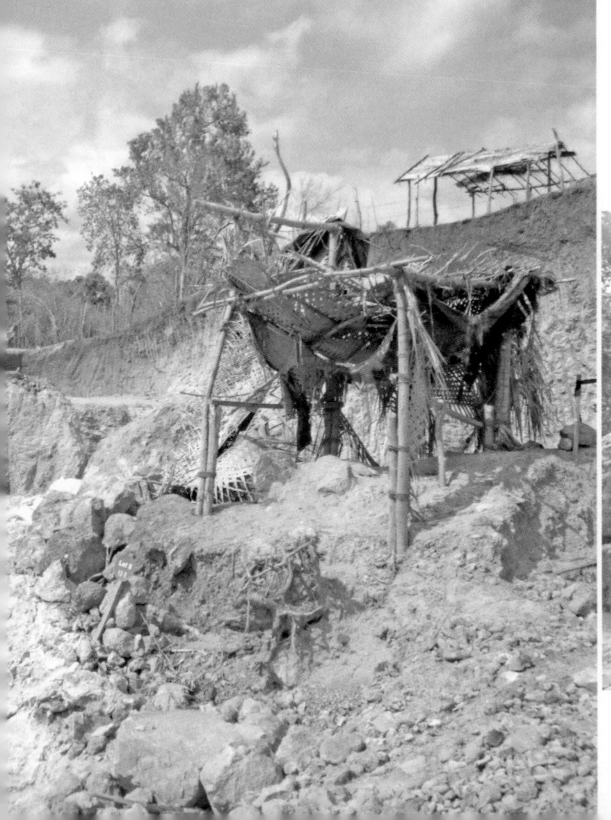

斯里蘭卡 Kathalagama 藍寶新礦區

緬甸藍寶石 Burma sapphire

藍寶星石戒 20 克拉 GIA

緬甸藍寶石 (Burma sapphire) 產在著名的紅寶產地 Mogok 北側的沖積礦床，是緬甸藍寶的最大宗產區。所挖掘出的每十顆寶石中，只有一顆是藍寶，所以非常稀少。緬甸藍寶原礦非常薄，少有色帶且內含物非常多。因此在打磨時通常寶石的厚度很淺，會有漏光的危險。再加上白雲石或是方解石包裹體常會穿插在原礦當中。因此漂亮，乾淨，而且切磨比例完美的緬甸藍寶並不多見。拍賣會中所謂的 Royal Blue(皇家藍)，以色調來看是最佳的六度色，是收藏家眼中的極品。

緬甸藍寶的另一特色是金紅石內含物呈現細長規則的排列，因此而形成 " 星光現象 "。與斯里蘭卡藍寶相比較，緬甸藍寶的二色性更強烈。在緬甸藍寶的側邊長可以看到藍綠色，這個特性有助於分辨藍寶的產地。

1. 在緬甸的南姑河裡挑選原礦，除了紅、藍寶之外，還可以找到尖晶石以及石榴石。 2. 天然藍寶星石 17.50 克拉 3. 緬甸皇家藍寶

寶石重鎮『**泰國**』Thai sapphire

此藍寶有金紅石內含物有被燒過的特徵

尖竹汶 (Chanthaburi) 是泰國的寶石交易重鎮。距離曼谷約四個多小時的車程，雖然當地也有出產藍寶原礦，但是幾乎全世界所出產的藍寶石都會送來這裡打磨與交易。所以這是著名的寶石集散中心。因此在市場上要分辨產地，並不容易。而距離曼谷約兩個多小時的 Kanchtanaburi，也是泰國的另一個寶石重鎮。泰國當地的藍寶是由玄武岩風化沖積而成。一般藍寶石顏色很深，甚至呈現黑藍色與高棉邊際的培林藍寶相近。

1. 泰國藍寶礦區
2. 藍寶原礦
3.THE SILOM GALLERIA 泰國珠寶城

頂級無燒皇家藍藍寶戒 8.37 克拉 GRS

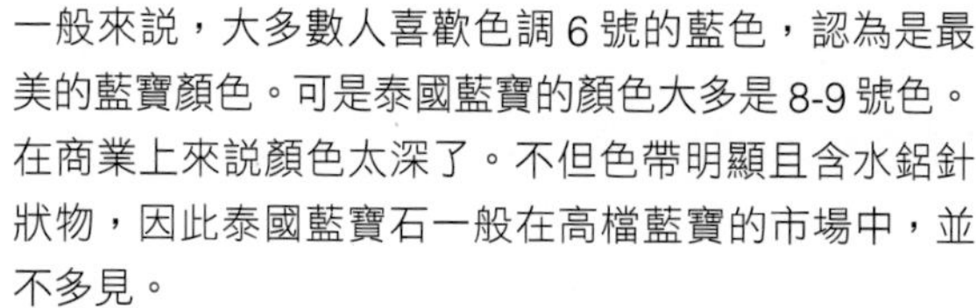

一般來說，大多數人喜歡色調 6 號的藍色，認為是最美的藍寶顏色。可是泰國藍寶的顏色大多是 8-9 號色。在商業上來說顏色太深了。不但色帶明顯且含水鋁針狀物，因此泰國藍寶石一般在高檔藍寶的市場中，並不多見。

當地礦區除了藍寶之外，也出產石榴石，尖晶石，與風信子石等其他寶石。所以尖竹汶可說是寶石總匯的集散地。

海南島藍寶
Hainan Island, China

藍寶 10.15 克拉

海南島藍寶的產地和泰國 Chanthaburi、澳洲藍寶、中國福建明溪及山東樂昌的地質形態類似，主要是橄欖玄武岩的主要產物。蓬萊礦區位在海南島東北部，主要在沉積岩層中篩選出來。海南藍寶通常是六方柱形和不規則的碎片，通常是小顆粒，大部份的顏色像山東產的一樣非常深色，含有大量的鐵，多有色帶，但是內含物較少。內含物有金紅石及像彗星尾巴的內含物，常與鋯石一起產出。

一般都認為海南的品質較山東藍寶好，如果會用熱處理改善其顏色，它的市場價值會得以提升。

皇家藍藍寶戒 5.72 克拉 GRS

GRS GEMRESEARCH SWISSLAB®

GEMSTONE REPORT

EDELSTEINBERICHT

RAPPORT DE PIERRE PRÉCIEUSE

No. GRS2012-053284

Date 18th May 2012

Object One ring with a fa… stone

Identification Natur…

Weight 5.72 ct (indicated by the client)*

Dimensions 9.63 x 9.21 x 6.79 (mm)

Cut modified brilliant/step

Shape cushion

Color vivid blue (GRS type "royal blue")

Comment H, LIBS-tested

*within the tolerance of weight estimated

Accuracy as testing in mounting permits

…delsteinbericht wird nur unter der Vorraussetzung abgegeben, dass die wichtigen Informationen auf der …rtragsbestandteil mit der GRS Gemresearch Swisslab AG akzeptiert worden sind. Spezielle …habung mit der Deklaration von Behandlungen zu schenken.

Origin

Gemmological testing revealed characteristics correspondi… of a natural sapphire from:

Sri Lanka

© GRS Gemres…

左圖 喀什米爾無燒藍寶戒 4.13 克拉 GRS、AGL
下圖 喀什米爾無燒藍寶 AGL 證書

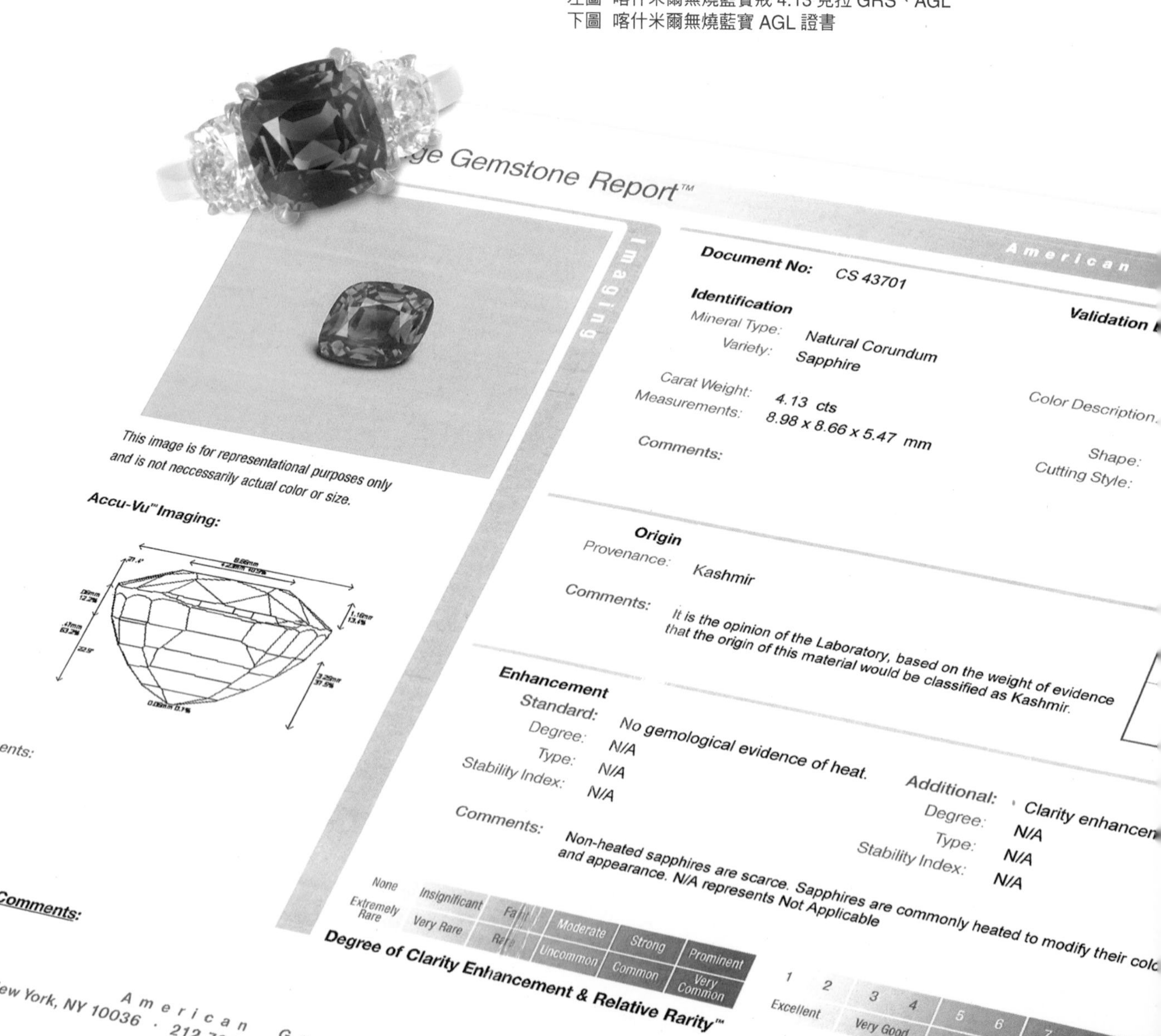

ge Gemstone Report™

Imaging

This image is for representational purposes only and is not neccessarily actual color or size.

Accu-Vu™ Imaging:

omments:

ort Comments:

American

Document No: CS 43701

Identification

Mineral Type: Natural Corundum
Variety: Sapphire

Carat Weight: 4.13 cts
Measurements: 8.98 x 8.66 x 5.47 mm

Comments:

Validation

Color Description

Shape:
Cutting Style:

Origin

Provenance: Kashmir

Comments: It is the opinion of the Laboratory, based on the weight of evidence that the origin of this material would be classified as Kashmir.

Enhancement

Standard: No gemological evidence of heat.
Degree: N/A
Type: N/A
Stability Index: N/A

Additional: Clarity enhancem
Degree: N/A
Type: N/A
Stability Index: N/A

Comments: Non-heated sapphires are scarce. Sapphires are commonly heated to modify their colo and appearance. N/A represents Not Applicable

None	Insignificant	Faint	Moderate	Strong	Prominent
Extremely Rare	Very Rare	Rare	Uncommon	Common	Very Common

Degree of Clarity Enhancement & Relative Rarity™

1	2	3	4	5	6	7	8	9
Excellent		Very Good		Good		Fair		Poor

Enhancement St

American Gemological Labor
New York, NY 10036 · 212.704.0727 · Fax: 212.764.7614
(Please see the back of this document f

喀什米爾藍寶 Kashmir sapphire

1860 年代的嚴重山崩使得喀什米爾的山頭地形劇變，但也震出絕美的矢車菊藍藍寶礦。喀什米爾藍寶屬於偉晶岩型礦，開採的時間只有在 1870 到 1877 年間短短數年就絕礦了，因此市面上極其稀有。對許多寶石愛好者而言，喀什米爾藍寶是傳說中寶石，市面上並不容易見到，只有少數幾顆曾在國際的拍賣會上見到它的蹤影。其獨特的絲絨藍光澤既美麗又神祕，極其吸引人。但因為太過罕見，使得許多收藏家都是只聞其名，不見其身。

喀什米爾無燒藍寶戒
3.34 克拉 AGTA

藍寶產地比較

產地	特色
緬甸	1. 很多水鋁礦 (Boehmite Tube) 生長在其中 2. 從側邊看藍寶石有很明顯的雙色性 (藍、綠) 3. 藍色較集中 , 較少色帶 (Color Zone) 4. 原礦顏色較深且帶紫 5. 原礦較薄 6. 指紋狀內含物 (Finger Print) 比較多水滴形 7. 金紅石針狀內含物較短且密集 8. 非常多指紋狀內含物
斯里蘭卡	1. 水鋁礦較少 2. 從側面看雙色性較不明顯 3. 色帶比較明顯 , 有些甚至有藍、白、黃相間 4. 一般來說，切的較厚 5. 平均而言，裸石顏色較淺 6. 指紋狀內含物常出現幾何圖案 7. 金紅石針狀內含物較長且稀疏 8. 常見指紋狀、網狀、羽狀內含物

緬甸藍寶 16.60 克拉
Royal blue GRS

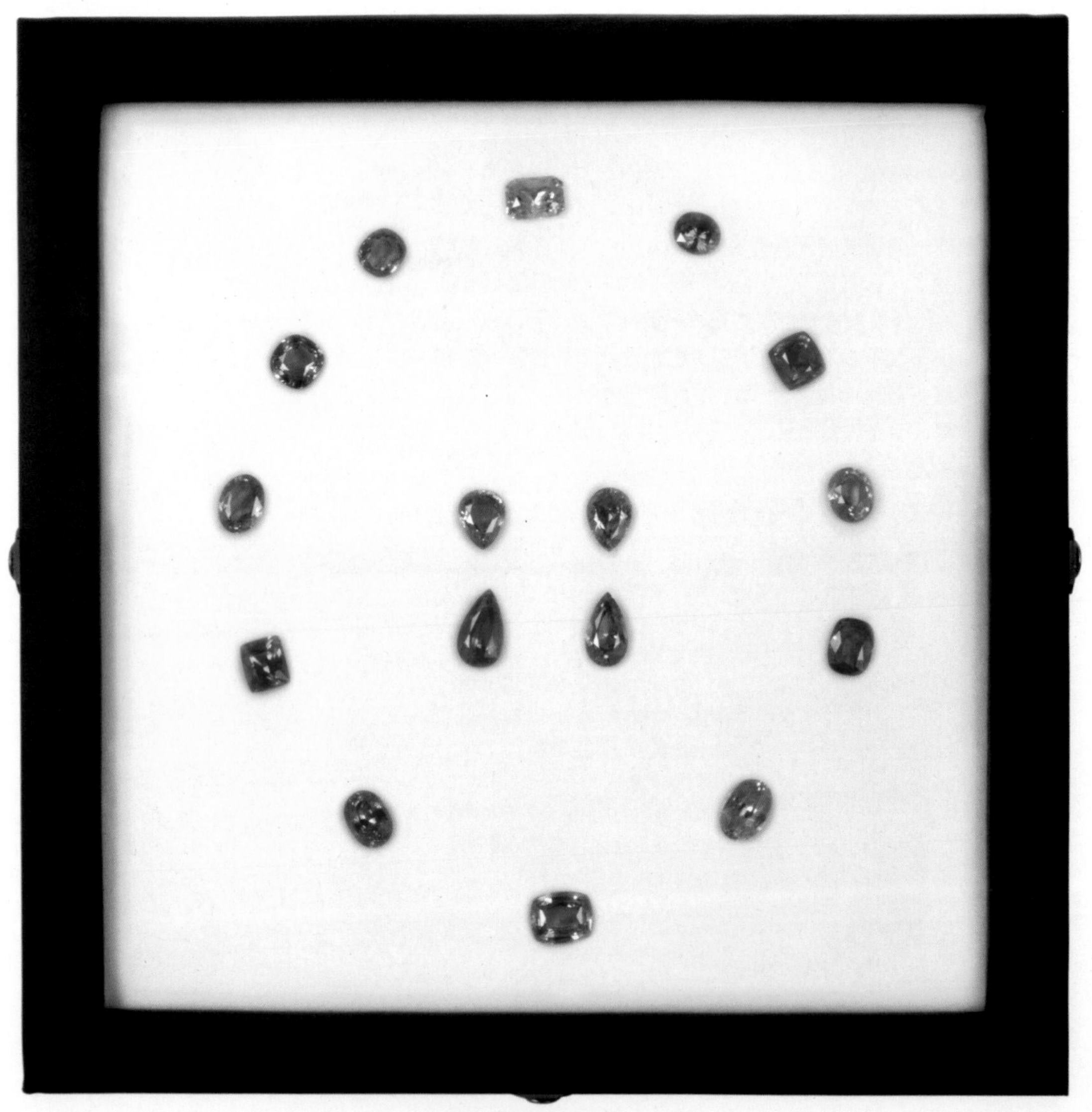

天然藍寶裸石套鍊

澳洲藍寶原礦

澳洲藍寶石 Australia sapphire

澳洲藍寶石佔全世界生產量很大的比例，但是由於泰國據有生產加工及燒的技術，又有廉價的勞力，因此過去數十年，幾乎所有澳洲藍寶都送去泰國處理，並做為泰國藍寶銷售。澳洲藍寶石原石早在 1890 年就開始開採了，主要開採是挖掘沖積層之後，洗選出來。主要礦區集中於昆士蘭及新南威爾斯北部。昆士蘭於 1870 年開始開採，礦石常呈深黑色。新南威爾斯開採於 1851 年，有很多黃色、綠色藍寶原礦 Jack Wilson's Mine 至今仍供應很多的藍寶石給泰國加工處理。還有新英格蘭也是藍寶石礦區之一。這些都是由火山玄武岩所形成的，但是透過搬運，堆積作用而變成於河流流域中。

澳洲藍寶石由於含鐵元素高，因此常帶黑色，並且包含了不同色調的藍綠色，也常有黃色、綠色和橘色，通常原石很小，超過 10 克拉是非常罕見的。澳洲藍寶石也常有色帶及金紅石內含物，比較特別的是原礦上常含有一種不漂亮的油綠藍色，因此需加熱處理才比較有賣相。因澳洲藍寶幾乎都送到泰國處理，內含物也和泰國所產的大同小異，不容易分出兩者的差異。

上圖 錫蘭無燒藍寶 8.46 克拉 GRS
下圖 坦尚尼亞 Winza 礦區 藍寶原礦與紅寶共生

Ruby 紅寶

紅寶石的明日之星

物競天擇
澆不息的淘寶夢
莫三比克紅寶石
Mozambique

近來有一篇報導：莫三比克的尼亞薩保護區 (Niassa National Reserve) 獅子的數量銳減，探究原因，居然是因為受到當地開採紅寶石所影響。不是因為環境破壞，影響獅子的生存，而是當地的礦工在沒有足夠的食物狀態下，只好獵殺獅子，填飽肚子。當地政府發現到這個問題，於是關閉了礦區。而礦工就以打游擊的方式往東移到另一個發現紅寶的礦區 Cabo Delgodo 與 Montepuez。

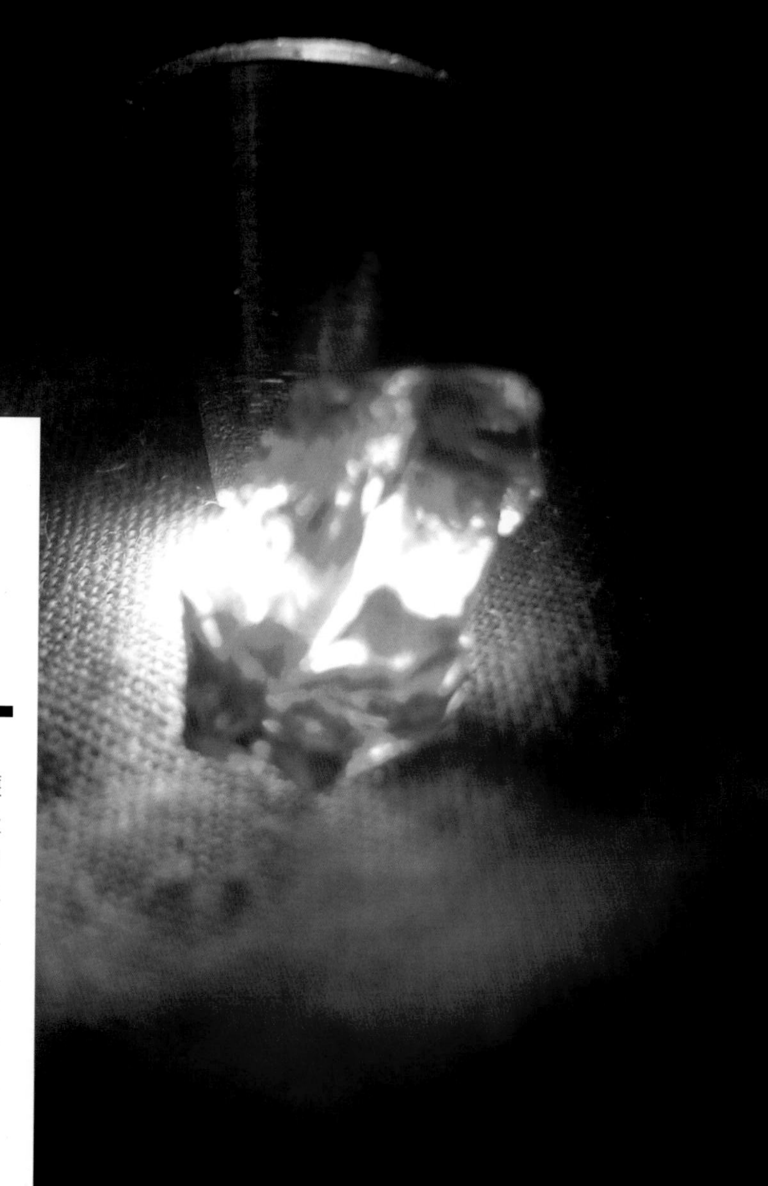

上圖 莫三比克所產的紅寶原石

產於莫三比克 (Mozambique)
的紅寶原礦

產於馬達加斯加 (Madagascar) 中部
安地拉那 Andilanena 紅寶原礦

產於緬甸 (Burma)
礦區 紅寶原礦

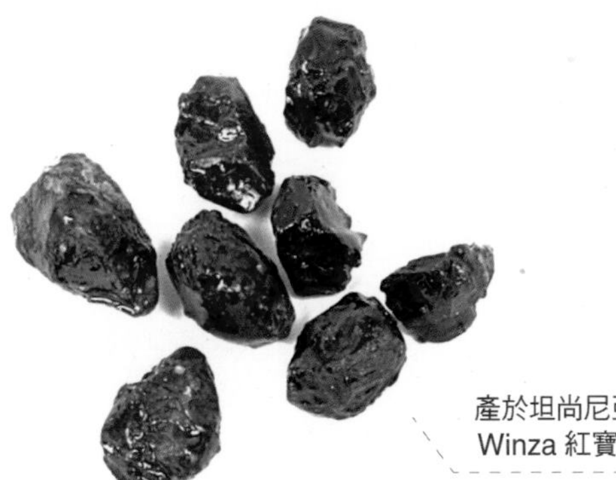

產於坦尚尼亞 (Tanzania)
Winza 紅寶原礦

經過玻璃填充加工
後的紅寶石

在馬達加斯加發現的泰
國玻璃填充紅寶

莫三比克紅寶 8.03 克拉 MONTEPUEZ

莫三比克東北部的紅寶地質與坦尚尼亞中部的 Winza 礦區類似。同樣發現於產藍晶石的斜長角閃岩礦床內。內含物及吸收光譜與緬甸紅寶相近。原石頗大，常見 5 – 6 克拉大小的原礦。但是由於內含物非常多，因此大部份經硼砂注入鉛玻璃加熱處理，形成所謂的玻璃填充紅寶 (Glass Filled)。

莫三比克無燒紅寶 5.02 克拉 GRS

STONE REPORT

EDELSTEINBERICHT

ORT DE PIERRE PRÉCIEUSE

GRS2012-033396

24th March 2012

One faceted gemstone

ion Natural Ruby

Origin

Gemmological testing revealed characteristics corresponding to those of a natural ruby from:

Mozambique

Dr. A. Pe

© GRS Gemresearch Swisslab A

Weight	5.02 ct
Dimensions	16.20 x 8.90 x 4.39 (mm)
Cut	brilliant/step (3)
Shape	pear
Color	red
Comment	No indication of thermal treatment FTIR-tested

2012-03339

GRS Gemresearch Swissla the reverse s

Dieser Edelsteinbericht wird nur unter der Vorraussetzung abgegeben, dass die wichtigen Informationen auf der Rückseite als Vertragsbestandteil mit der GRS Gemresearch Swisslab AG akzeptiert worden sind. Spezielle Beachtung ist der Handhabung mit der Deklaration von Behandlungen zu schenken.

無燒紅寶共 19.71 克拉

漂亮的莫三比克紅寶幾乎和緬甸的鴿血紅一樣，因此 GRS 特別把莫三比克高檔無燒的紅寶打上 Vivid Red 字樣，用來形容與鴿血紅一樣的顏色。但是大部分的莫三比克紅寶呈現橘紅色，而且金紅石較粗，呈現「盤狀」，常常是透過熱處理改變淨度和顏色，才能達到 Vivid Red 的等級。挑選時要注意有無經過熱處理，影響價格甚大。值得一提的是最近上市公司 Gemfield 投資鉅資到莫三比克開採紅寶。由此可知，莫三比克紅寶未來在市場的能見度與價格都將佔更重要的地位。

莫三比克無燒紅寶 3.05 克拉

紅寶產地比較

產地	地質	特色
緬甸 (Burma)	大理岩	1. 狀的水鋁礦 (白色長針)，內含物及聚片雙晶 Mogok 紅寶石礦很多金紅石內含物及負晶 (形成管狀物) 2. Mong Hsu 沒有金紅石內含物，且常帶有藍黑色六角色心 3. Mogok 的金紅石較短粗 4. 常見捲曲渦旋狀雲霧與金紅石交錯 5. 金紅石的生長方向與六方型晶體為底，呈現三個方向，60 度 120 度交叉 6. Monsu 的礦有時會有針 7. 緬甸紅寶常具有強烈螢光
莫三比克 (Mozambique) (Montepuez) (Niassa National Reservation)	角閃片麻岩 偉晶花崗岩	1. 常有褐色內含物及金紅石分布 2. 很多黑點分布在其中 3. 很多蝴蝶狀內含物 4. 內含物與緬甸 Mogok 相近 5. 內含物常見圓形或是無色至綠色的角閃石與長石 6. 當地的地質也和坦尚尼亞的 Winza 相似
泰國 (Thai) (Chanthaburi、Kanchtanaburi) 高棉 (培林礦) (Cambodian) (Cardamom mountains)	玄武岩	1. 沒有金紅石內含物 2. 白色針狀水鋁礦常出現在聚片雙晶的接面上 3. 常出現彗星狀 (ó) 的內含物 4. 負晶常形成三角或六角形 5. 晶體和汽泡包裹體呈現煎蛋圖案 6. 泰國的色帶較緬甸的不明顯

泰國紅寶

緬甸無燒鴿血紅寶鑽戒 3.03 克拉 GRS

GEMSTONE REPORT
EDELSTEINBERICHT
RAPPORT DE PIERRE PRÉCIEUSE

No.	GRS2011-011106
Date	9th January 2011
Object	One faceted gemstone
Identification	Natural Ruby

Weight	3.03 ct
Dimensions	9.84 x 8.09 x 4.17 (mm)
Cut	brilliant/step (4)
Shape	oval
Color	vivid red (GRS type "pigeon's blood")
Comment	No indication of thermal treatment FTIR-tested

Dieser Edelsteinbericht wird nur unter der Vorraussetzung abgegeben, dass die wicht
Rückseite als Vertragsbestandteil mit der GRS Gemresearch Swisslab AG
Beachtung ist der Handhabung mit der Deklaration von Behandl

無燒紅寶 3.02 克拉 GIA

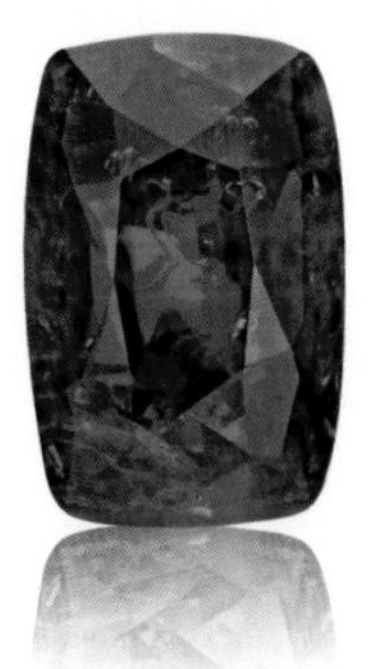

科技之賜 發現新天地
格陵蘭紅寶 Greenland ruby

拜科技之賜，地球上無法居住的地方現在也開始進行寶石的探勘。加拿大股票上市的礦業公司 True North Gems(TNG) 對外發佈：經過多年的探勘與測試，樣品的研究。它們預計從 2012 年起在格陵蘭的西南角 Aappaluttoq 開始量產紅寶石與粉紅剛玉的礦。

TNG 運用科技的分析與工具，將此礦區以鑽石礦的方式開採。在此冰河地形的地表上，開挖大型坑洞，分析了這個區域的岩石與蘊藏量，預估可以開採十年。但是由於是原生礦床，必須炸開母岩，收集晶體，因此開採成本非常大。以目前的晶體樣品看來，這裡的紅寶礦晶體非常小，但顏色不錯，價格昂貴。應該不需熱處理就可以用來鑲嵌。

紅寶原礦

紅寶石戒 2.55 克拉

真相大白的秘密！
辛巴威紅寶 Zimbabwe ruby

紅寶石鑽墜 2.59 克拉 GRS

以前辛巴威的寶石收購商收到的紅寶石，一直被懷疑是來自莫三比克，直到 2011 年科學家才有足夠證據證實辛巴威產紅寶。礦區的位置是在辛巴威東北方，靠近莫三比克交界的 Mukota，因為那個區塊過去因為戰爭埋了許多地雷，所以礦工都不太敢前往，能活著回來的人是將牛群趕在他們的前面，若有地雷，牛群會先引爆，牛若能安然走過，礦工們再順著牛走過的足跡安全抵達礦區。紅寶礦區靠近藍晶山 (Kynite Hill)，顧名思義這座山是富含藍晶石的變質岩，這一區域屬三條河的流域，當每年 11 月到 3 月的雨季，根本無法開採，只有到乾季 (4 月到 10 月) 才有機會到礦區。

紅寶是在沖積礦床被發現，並且呈現六邊柱狀的晶體，因沖積而呈現圓柱形或卵形，常見淺綠色葉臘石環繞其周圍，或是整個深綠色綠泥石包裹起來。內含物中常見金紅石，晶體大多還算透明，但有不少裂紋。

紅寶石原礦

自從辛巴威產紅寶的消息傳出後，吸引許多小礦主加入挖礦，但也引起當地政府的注意，剛開始只是收開礦的執照費，後來 演變為政府對開礦公司要求擁有 51% 的乾股。現在變成投資者卻步，並且時有所聞淪為地下經濟。

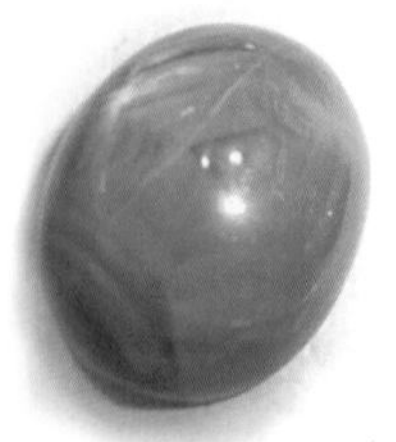

肯亞 John Saul Ruby Mine 紅寶石 (Kenya)

牛群是當地重要的財產與食物的來源

緬甸紅寶原礦戒 23.79 克拉

礦盡源絕 千金難買
肯亞紅寶 Kenya ruby

東非最早發現的紅寶礦是屬於片麻岩混合型岩，在坦尚尼亞的 Longido。但是品質不佳。一直到 1973 年，原本在坦尚尼亞挖礦的寶石學家 John Saul 在肯亞的碧璽礦區發現優良品質的紅寶，而將此礦脈稱為 John Saul 紅寶礦，但是現在將近開採殆盡，價格也愈來愈高。

上圖一 肯亞一望無際的乾草原
上圖二 近年的乾旱 讓原本的河流乾枯 居民們只能以水桶大老遠的汲水

RUBY RUSH in WINZA

3.04 天然無燒
紅寶裸石 Vivid Red
GRS

坦尚尼亞無燒紅寶戒 5.03 克拉 GIA

1. 坦尚尼亞礦區 (Tanzania mine) 2. 世界之最 Zoncia ruby 52 克拉 unheated rough 3. 當地礦工們簡易木造所搭建的居所
4. 開挖出的紅寶石原礦 5.WINZA 紅寶石生長在石榴岩上

產自坦尚尼亞 Winza 礦區的紅寶石 GRS 證書

GEMSTONE REPORT

EDELSTEINBERICHT
RAPPORT DE PIERRE PRÉCIEUSE

No.	GRS2012-053170
Date	15th May 2012
Object	One polished gemstone
Identification	Natural Ruby

Origin

Gemmological testing revealed characteristics corresponding of a natural ruby from:

Winza (Tanzania)

© GRS Gemresearch Swisslab AG, P.O. Box

Weight	10.01 ct
Dimensions	15.16 x 10.18 x 6.29 (mm)
Cut	cabochon
Shape	elongated oval
Color	red
Comment	No indication of thermal treatment

左圖　緬甸 Mogok 紅寶皇冠原礦墜 29.87 克拉
右圖　緬甸紅寶戒 9.96 克拉 GRS

星光效應 Asterism

星光效應是由於光學原理所產生，構成是由晶體內細小而密集，呈平行排列的纖維狀、針狀的包體、晶紋或定向解理、對光的反射作用而形成的特殊光學效應。如果是只有一組這樣包體，就形成所謂的貓眼效應。

Tanga Golden Star (坦尚尼亞)

十字星光的紅石榴石星石 7.27 克拉 GIA

12 射星光的藍寶星石

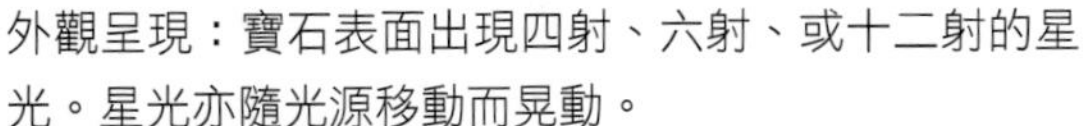

外觀呈現：寶石表面出現四射、六射、或十二射的星光。星光亦隨光源移動而晃動。

產生條件：蛋型切磨 (cabochon)，需有兩組 (四射)、三組 (六射)、六組 (十二射) 定向排列的平行內含物。

上圖 無燒紅寶星石 4.7 克拉
中圖 藍寶星石 17.5 克拉 Vivid Blue GRS
下圖 無燒紅寶星石 7.31 GRS

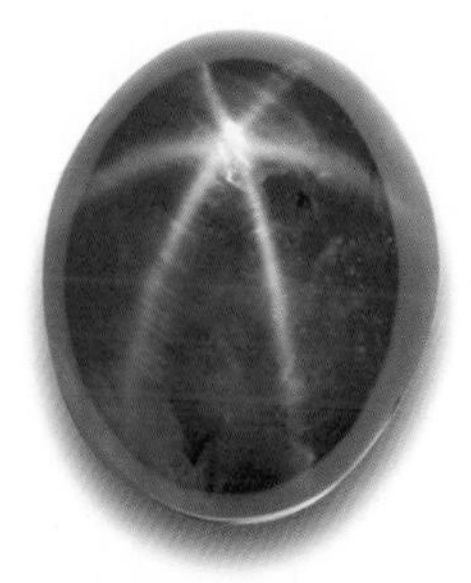

CHAPTER TWO

Chrysoberyl

金 綠 玉

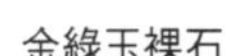

金綠玉裸石

Chrysoberyl

金 綠 玉

產地：南非、阿富汗、奈及利亞、中國、挪威、辛巴威、俄羅斯、尚比亞、印度、斯里蘭卡、迦納、坦尚尼亞。

- 礦物學名：金綠玉
- 化學成份： $BeAl_2O_4$
- 比 重： 3.70~3.75
- 摩氏硬度： 8.5
- 結晶構造：斜方晶系
- 折射率： 1.746~1.755(雙折射性)

上圖 金綠玉裸石 7.68 克拉
右圖 亞歷山大金綠玉貓眼
左圖 亞歷山大變色石 2.45 克拉 GRS

金綠玉 Chrysoberyl 前面的 Chryso 在希臘文有 " 黃金 " 的意思，又因為當時被認為與金黃色的綠柱石很相似，所以後面冠上綠柱石的名稱 beryl。金綠玉寶石色澤璀璨亮麗，無論是否具有變色性(亞歷山大變色石)或貓眼(金綠玉貓眼)，因現今礦源已幾近耗竭，是市場上價格極高的貴重寶石，也是收藏家必珍藏的貴寶之一。其中有一種金綠玉寶石，不但會變色也有貓眼現象，就是傳說中的亞歷山大金綠玉貓眼。

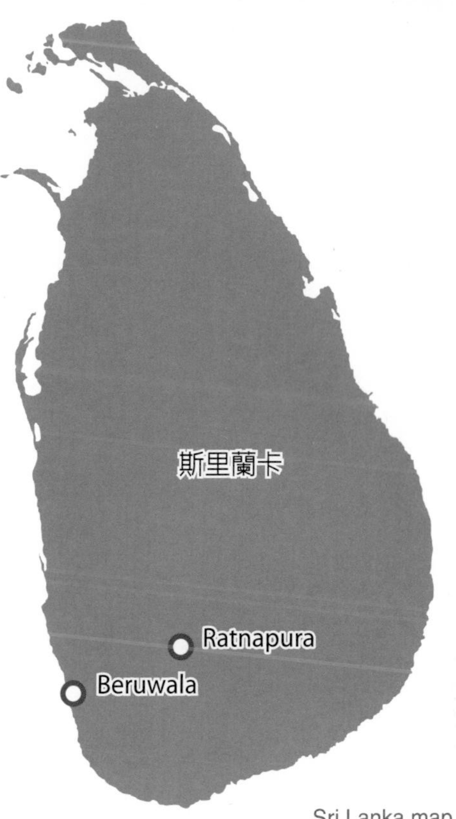

Sri Lanka map

右圖 金綠玉裸石 下圖 產於斯里蘭卡 Ratnapura 的金綠玉貓眼

變色前

變色後

上圖 亞歷山大變色貓眼戒 5.06 克拉 GRS
下圖 馬達加斯加亞歷山大金綠玉貓眼 9.95 克拉

白天的祖母綠
晚上的紅寶石！

亞歷山大變色石

白天的祖母綠，晚上的紅寶石！傳神的描述了亞歷山大的變色效果。這種寶石非常稀有，在白光下常呈現灰、黃、藍、綠等色，可是在黃光下卻變成了棕、紫、紅等色。最早是瑞典人於 1830 年，在蘇俄的烏拉山 (Ural Moutain) 發現。它屬於金綠玉家族，因為含鉻而有此顏色，而且最特殊的是這種現象石在不同光源下會選擇性的吸收光譜，而呈現不同的顏色。之所以取名為亞歷山大石，是因為俄皇亞歷山大二世，非常喜歡這種寶石，並且發現時，是亞歷山大二世的生日，因此用以紀念他。俄羅斯是第一個發現這種寶石的國家，而後斯里蘭卡、馬達加斯加、坦尚尼亞、印度、巴西、緬甸及辛巴威都陸續發現。

印度亞歷山大金綠玉 15.08 克拉 GRS

GEMSTONE REPORT

EDELSTEINBERICHT

RAPPORT DE PIERRE PRÉCIEUSE

o.	GRS2008-012252
ate	18th January 2008
bject	One faceted gemstone
Identification	Natural Alexandrite (-Chrysoberyl)

Origin

Gemmological testing revealed characteristics corresponding to th of a natural alexandrite (-chrysoberyl) from:

Orissa (India)

變色前

變色後

GRS Gemresearch Swisslab AG, P.O. B

© GRS Gemresearch Swisslab AG, P.O. Bo

Weight	15.08 ct
Dimensions	13.87 x 13.22 x 8.81 (mm)
Cut	modified brilliant/step (8)
Shape	cushion
Color	color-changing from bluish-green (daylight) to purplish-red (incandescent light)
Comment	No indication of treatments

GRS Gemresearch Swisslab Gemstone Reports the reverse side form an integral p Please note

Dieser Edelsteinbericht wird nur unter der Vorraussetzung abgegeben, dass die wichtigen Informationen auf der Rückseite als Vertragsbestandteil mit der GRS Gemresearch Swisslab AG akzeptiert worden sind. Spezielle Beachtung ist der Handhabung mit der Deklaration von Behandlungen zu schenken.

在巴西的 Minas Gerais 州 Malacacheta 及 Hemutita，於 90 年代發現了亞歷山大變色石，頓時讓巴西成為全世界寶石交易的焦點，後來礦區挖掘深至 110 公尺，它的顆粒大小從 0.4cm 到 3cm 不等，是全世界最漂亮的亞歷山大變色石。據説在 1986 年時，有兩個小孩在田裡玩，摸到兩顆綠色的小石頭，用很便宜的價格賣給中間商，中間商認為是不值錢的紅柱石，所以也未理睬，後來他拿到著名的寶石城 Tofilo Otoni，才驚為天人！原來這是價值不斐的亞歷山大變色石，瞬間巴西成為寶石的天堂。

上圖　金綠玉貓眼 14.23 克拉
右圖　亞歷山大金綠玉貓眼戒 1.58 克拉
下圖　金綠玉貓眼戒 金綠玉 6.21 克拉

左上　金綠玉貓眼 19.1 克拉
右上　產於 Manyara　lake 湖畔的亞歷山大金綠玉貓眼 (Tanzania)
右下　斯里蘭卡金綠玉貓眼 5.52 克拉
左下　金綠玉貓眼 5.01 克拉 GIA

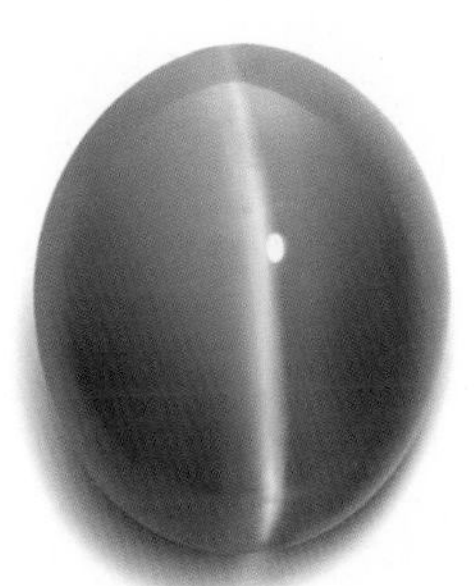

CHAPTER TWO

這是在美國阿肯瑟州(USA, Akansa) 的鑽石礦區發現的天然水泥，不只阿坎瑟州的鑽石礦區如此，在其他鑽石礦區當中，也常能在挖掘鑽石的同時，看到這種天然的水泥礦物。

Diamond

鑽 石

左圖 Kimberlite 金伯利岩 (金雲石榴岩) 中的鑽石原礦
右圖 Lampurite 鉀鎂煌斑岩

Diamond

鑽 石

產地：南非、中非、獅子山共和國、象牙海岸、奈及利亞、中國、辛巴威、俄羅斯、波茨瓦納、尚比亞、澳洲、委瑞內拉、巴西、美國、加拿大、迦納、納米比亞、印尼、安哥拉、剛果、幾內亞。

綠藍鑽 1.00 克拉
Fancy Light Greenish Blue GIA

- 礦物學名：金剛石
- 化學成分：C
- 比 重：3.52
- 摩氏硬度：10
- 結晶構造：等軸晶系
- 折射率：2.417

非洲鑽石原生礦床

鑽石最早的文獻記載，始於聖經的出埃及記。鑽石最早被發現於3000-4000多年前的印度，之後1730年在巴西發現新礦源，成為了主要鑽石產礦區。在當時產量非常稀少，全世界一年的鑽石生產量只有幾英磅而已，因此非常珍貴。1870年，在南非橙色河附近發現了新的鑽石礦脈，鑽石的產量因此增加，當時經營南非礦產的英國的金融家組成了DTC（Diamond Trading Company），開始策略性的掌控鑽石的產量，以保持鑽石交易的穩定。

Ideal² 方形八心八箭鑽戒
2.12 克拉 F VS1 GIA

Diamond 鑽 石

1. 粉鑽原礦，原礦中有明顯的階梯狀。 2. 綠鑽原礦，鑽石晶面上的三角形生長階梯。 3. 鑽石原礦三角薄狀雙晶在側面有明顯的魚尾紋 (twin line running)
4. 棕色鑽石的原礦 5.(左一) 有明顯的三角生長紋 (中間) 有羽狀紋，產自剛果共和國 (右邊) 原礦擁有完整的八面體。

【常見的鑽石晶體外形】

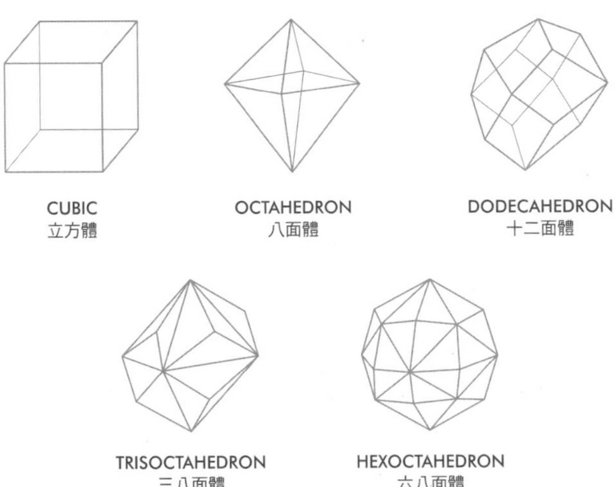

礦區附近的飯店

粉鑽 1.00 克拉
Fancy Orange Pink VS1 GIA

鑽石幾乎是由單純的碳元素所構成，高溫高壓下所產生的晶體有著高度的對稱性，另一個相同類型一樣是對稱晶體的「石墨」，同樣是碳元素構成卻在硬度上完全不同，兩者主要的差異性是在碳原子的構成方式，碳原子按四面體成鍵方式互相連接，組成無限的三維骨架，形成典型的鑽石晶體，而石墨則是形成六方晶體。由於鑽石中的 C-C 鍵很強，構成不只硬度高，其熔點更在華氏 6900 度左右，所以等級高的鑽石有收藏觀賞的價值外，等級低的鑽石 (金剛石) 也作為高度精密的儀器及工業用鑽頭使用。換言之，石墨是一種很軟的礦物，這是由於石墨的晶體結構成片層狀，層與層之間相距較遠，只依靠很弱的分子間作用力相結合，因此層間極易產生滑動，結構性不強。

鑽石原礦結晶體

鑽石最常見的晶形為八面體，有如兩個金字塔形狀，上下合併而成，每個平面都是一個等邊三角形，是晶體構成罕見的天然完美形狀。另一種常見的鑽石形狀為三八面體 (三次八面)。若八面體的八個平面被替換成六個三角形平面，則稱為六八面體 (六個八面體)，這種異變比較常見，其外形輪廓則較圓。十二面體，具有十二個菱形平面，工業用鑽中常為此型態。三角凹痕在八面體的平面中很常見，生成於鑽石原礦表面，三角凹痕也可作為鑽石切割時確認生長線的方向，以及辨認鑽石的特徵 (仿製鑽石及人工合成鑽石，表面不會出現三角凹痕)。

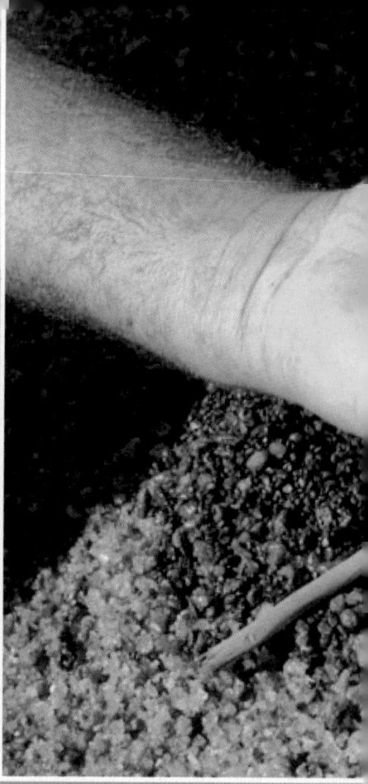

巴西礦區 courtesy by Tirso

黃彩鑽墜 7.02 克拉 Fancy Light Yellow SI1 GIA

1842 年，在 Goiás 州 Chapada Diamantina 的 Mucugê 河岸發現鑽石。在巴西的 Minas Gerais 州也有一座鑽石城出產鑽石。

剛淘選出的鑽石

橘鑽戒 1.02 克拉 Fancy Vivid Yellow-Orange GIA

中國的山東的鑽石礦區

稻穗彩鑽別針

中國山東 露天開採鑽石的過程與大型機具

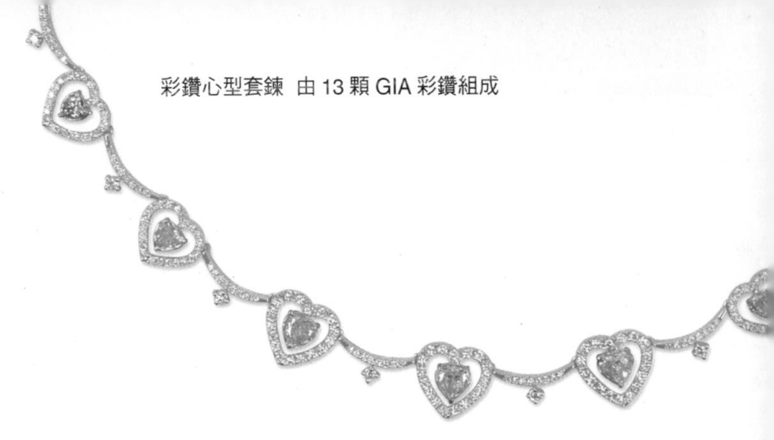
彩鑽心型套鍊 由 13 顆 GIA 彩鑽組成

用機器將可能含有鑽石的金柏利岩挖掘出後，會被送入進一步的打碎、沖洗及過濾成不同的大小，運用「重介質分離」將較輕雜質剔除，以減少含鑽物質的體積。鑽石比多數開採的物質都重，分離物質通過 X 光分撿機時，會探測到螢光反應 (運用鑽石的特性)，並以空氣噴射方式將鑽石分離。某些操作會用油脂台，將鑽石從非鑽石物質中分離 (運用鑽石有親油的特性)，等待乾燥後，再以人工進行最後的分揀。

變色龍彩鑽墜 1.19 克拉 GIA

美國阿肯瑟州的鑽石礦區

This Certifies That

Chen-Luen Li

Has found a diamond in the rough from

Crater of Diamonds

Murfreesboro, Arkansas

WEIGHT 5pt. DATE 1/22/12 COLOR brown

Superintendent

CRATER OF DIAMONDS STATE PARK

Arkansas State Parks

藍鑽 1.01 克拉
Fancy Greenish Blue VS2

美國阿肯瑟州鑽石礦區

阿肯瑟州的鑽石公園在夏天時，平均每天有超過二千人在這裡尋寶，幸運的是在冬天一天只有數十人。因此我們能撈到鑽石的機率就大得多了。但是，為什麼人會這麼少？因為冷死了！雖然沒有下雪，但是溫度在零度左右，一面挖土，一面打哆嗦，最後還要到水裡篩洗。拍照的伍總監說從來沒看過穿棉襖，戴口罩頭套的採鑽工人，太不專業了。但是幸運之神降臨，在 EGL(歐洲寶石鑑定所) 校長林博士的帶領下，竟然找到了一顆鑽石。我們一行 8 人在鑑定室外忐忑難安，深怕弄錯了。最後，結果出爐了。這一顆 Richard 鑽石 (每一顆被發現的鑽石可由發現者命名)，是約 5 分大小的棕色鑽石。雖然不大，但是你知道嗎？在數英畝大的火山口上，層層篩選每一粒沙子。加上寒風刺骨，永遠都不知道發現甚麼，就像大海撈針一樣。能發現一顆小鑽石就是上天給的最好的禮物。另外，鑽石公園裡也有機會找到不同種的礦物，例如紫水晶，石榴石，重晶石，瑪瑙，圖畫石，還有 Natural Concrete 及 Lamproite(鉀鎂黃斑岩)。

1. 筆者正在挖掘礦土
2. 挖掘後經過篩選淘洗，筆者很幸運的意外獲得一顆鑽石原礦。
3. 筆者透過顯微鏡觀看
4. 筆者在礦區發現的顯微鏡底下的鑽石原礦。

1

2

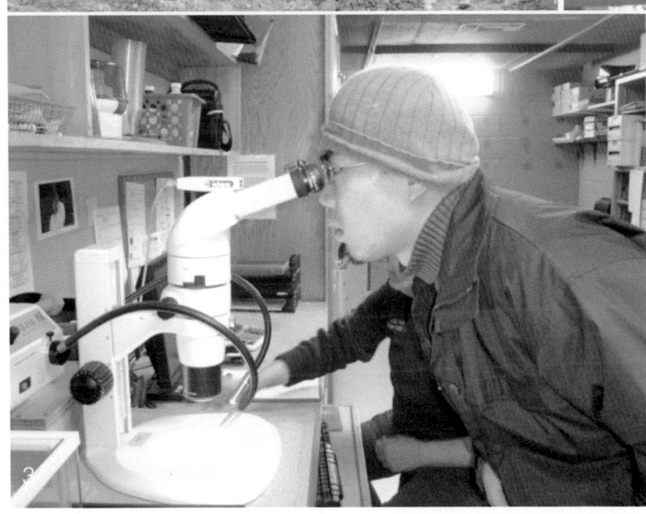

3

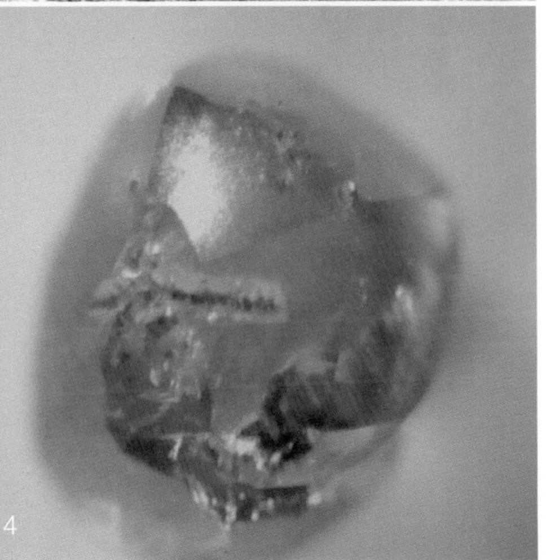

4

中非共和國的綠鑽原礦，表面的黑色岩石拋光過後，通常綠色的外層會磨掉，變成 IJK 色的白色鑽石。綠色的鑽石通常會留一些皮 SKIN 在裸石上，以便於鑑定檢測時的依據，因此綠鑽裡的淨度，通常不在考慮範圍內。

印度 加里曼丹的橘黃鑽

南非 黃綠色 次生原礦

稀少的紫鑽原礦

阿蓋爾 粉紅鑽原礦

象牙海岸的黃綠鑽

有螢光的鑽石不好嗎？

藍鑽戒 3.01 克拉 Fancy Light Gray-Blue GIA

Fluorescence，稱為螢光反應。天然鑽石中約有 20% ～ 30% 皆具有螢光現象，但是這個特徵卻是最多人誤解而且最常被誤導的項目。成因是鑽石在生成的過程中受到地殼裡的天然輻射影響，而產生在紫外線 (UV) 所發出特定顏色的光。GIA 把螢光反應分成五級，從無、微弱、中等、強到非常強。部份的螢光反應會影響鑽石光澤，有些則不會；有些藍色螢光反應甚至還能提高鑽石目視上的顏色，使其更為白亮。螢光確切的影響為何，則要靠個別的鑑定後才能知曉。

當鑽石鑑定尚未流行以前，有種稱為「blue-white」藍白等級的稀有鑽石就是 D、E 成色並同時帶有強烈螢光現象的鑽石。因其強烈的螢光讓鑽石看起來比一般 D 成色的鑽石更白，而這種效果在 I 成色以下的鑽石會看起來更加明顯，像 J、K 成色的常讓人覺得是 G 成色，所以歐美的消費者購買鑽石的時候 (主流成色約是 H ～ K) 經常指定要有螢光現象的鑽石。

五色彩鑽設計戒　配鑲 鑽 0.25 克拉
黃鑽 0.05 克拉 GIA、EGL

但某些帶有螢光反應的鑽石確實擁有不好的副作用。少數具有螢光反應的鑽石會看起來帶有霧、油狀或是讓鑽石產生不太透明的感覺，我們把這些稱為「油光現象」，又稱火油鑽。油光現象通常會出現在強或非常強螢光這兩個等級中，讓鑽石失去原本閃閃發亮的火光，看起來變得呆滯、死白。要特別注意的是，GIA 的鑑定報告中雖然會列出螢光反應，但是是否有油光現象卻沒有另外註明。然而，在彩鑽的世界，常因為螢光而使得鑽石的色彩更加濃郁而加分。

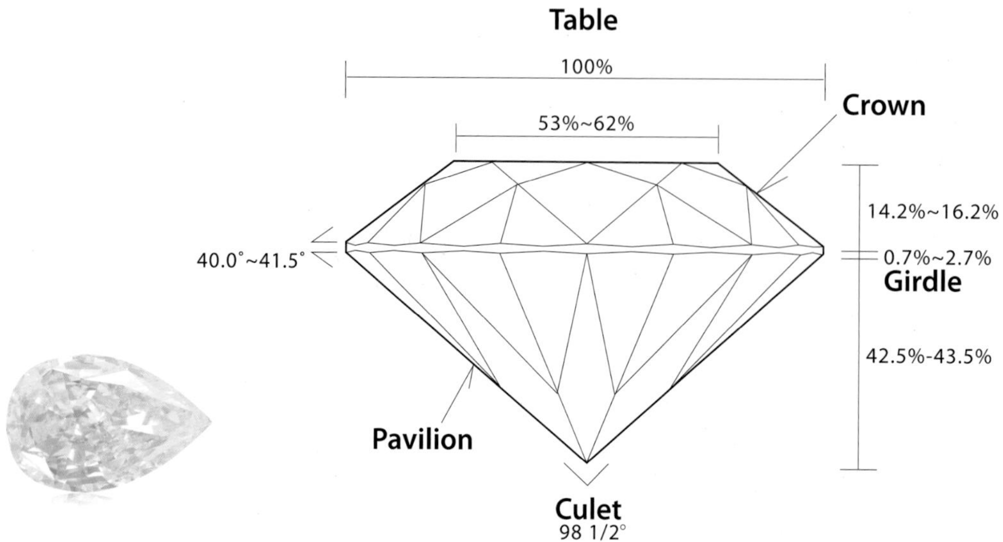

明亮式完美切工
1919 年，蘇聯數學家托爾斯基，發明了最佳火光、亮光、閃光的完美切工鑽石。

璀燦的鑽石

如同大多數礦石，鑽石被發掘出來之後，並不會有明顯的光澤。所以人們開始思考：如何讓它閃耀動人？該怎麼讓鑽石清澈無瑕？怎麼做才不會浪費這顆上帝的恩惠？於是鑽石被帶到了世界各個知名的切磨廠，那裡有專業的人員與設備。替每顆鑽石量身打造，使它在珠寶店裡光芒四射、擄獲人心。

鑽石切磨的切確時間難以確立，但在壹千年前的印度早已開採鑽石，開採出來的原石 (Rough Diamond)，當時只是用覆滿鑽石粉與油脂的金屬線對原來的外型稍加修飾，歐洲人改良用轉動的軟式金屬盤來代替。人們拿著鎚子與鑿子朝著鑽石最薄弱的平面 (原子鍊最少的平面)

上圖 粉鑽 3.28 克拉 Fancy Orangy Pink SI2 GIA
下圖 黃彩鑽戒 1.01 克拉 Fancy Intense Yellow VS1 GIA

敲打一使鑽石一分為二，被稱為劈裂 (Cleaving)。是利用鑽石分裂方向，給予強力一擊來劈開鑽石。若沒有正確地選出位置，結果可能就是珍貴的鑽石化為閃閃的細碎繁星。劈裂前需用另一顆鑽石在表面沿待劈裂方向劃一凹溝，再沿溝分裂。目前只有在鋸割法 (Sawing) 無法使用時才用。直到 15 世紀後來才漸漸地發展出許多種的切磨方式。之後大小適中的鑽石再加定型，定型的方法也是用另一顆鑽石切磨原石。

Cutting Center

我們多次拜訪世界各地鑽石切磨廠。實地了解，如何從不起眼的原礦石到璀璨美麗的鑽石。目前主要及最大的切磨廠位在於印度的蘇拉特、以色列的特拉維夫、比利時的安特衛普、紐約，各有不同的發展歷史及重要性。

上圖　黃彩鑽套鍊 黃彩鑽 10.03 克拉 Fancy Yellow VS1 GIA
中圖　紫鑽 1.00 克拉 Fancy Intense Pink Purple
下圖　藍鑽 3.05 克拉 Fancy Light Blue VVS2 GIA

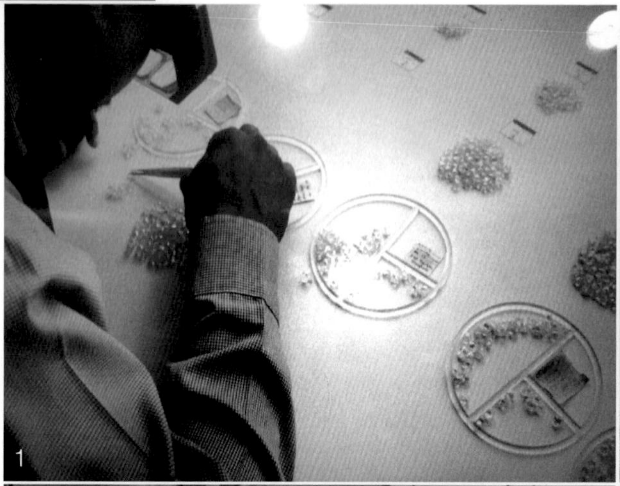

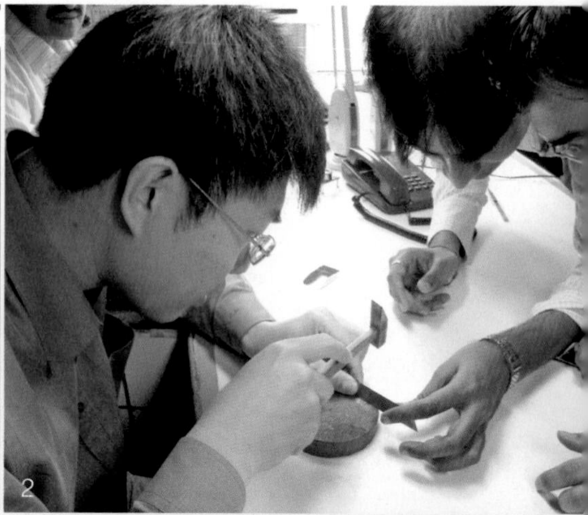

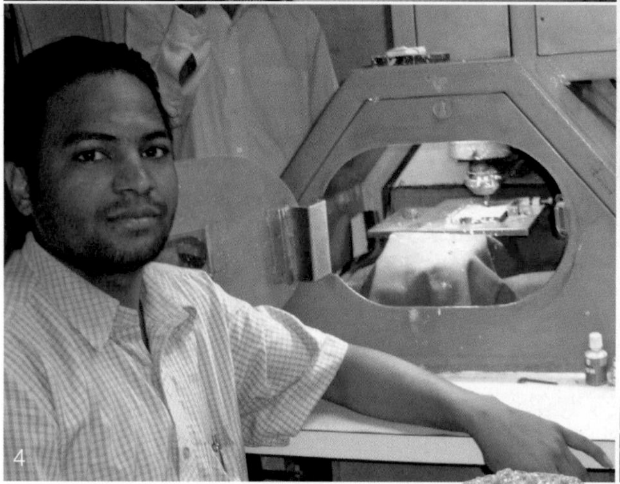

1. 以目視分類原礦石
2. 劈裂原礦
3. 雷射切割標示
4. 雷射切割機
5. 打圓
6. 研磨拋光

黃彩鑽戒 5.04 克拉 Fancy Yellow GIA

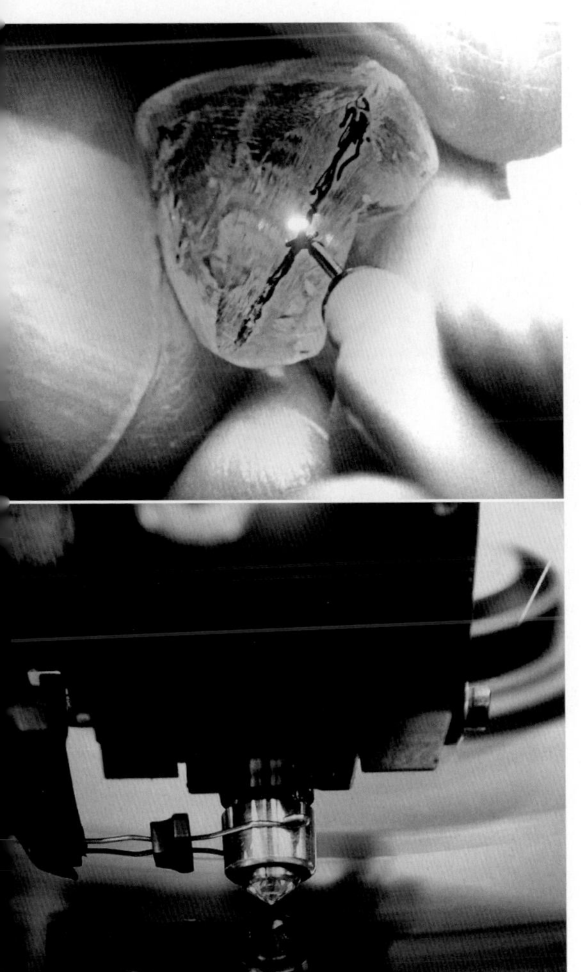

藍鑽 3.29 克拉 Fancy Light Blue SI2 GIA

鑽石到了切磨廠，會先篩選大小、淨度與瑕疵後再切磨；大克拉的鑽石原石則會特別交由專門研究員 (Planner) 分析來尋找切磨方式，找出最適合的切割與最大的價值。研究員們為了找出最好的方案，可能花上好幾個月的時間來找出最理想的結果。決定好的原石先標示然後雷射切割，再送上打圓（Bruiting），之後交由師傅研磨拋光後宣告完成裸石，稀少珍貴的鑽石才能誕生。

左圖　粉鑽戒 粉鑽 2.06 克拉 Fancy Light Purple Pink GIA
右圖　黃彩鑽墜 7.03 克拉 Fancy Intense Yellow IF GIA

સુરત

蘇拉特，印度古吉拉特邦蘇拉特縣縣府所在地，是印度第九大城，以鑽石加工業聞名，加工市場佔全世界 92% 的鑽石皆在此切磨，有「世界鑽石之都」的稱號。

Ideal^2 方形八心八箭鑽戒 1.2 克拉 GIA

綠鑽戒 4.01 克拉 Fancy Yellow Green SI

印度，最古老的文明起源之一。他們從 1000 年前就開採出鑽石，並開始運用在首飾上。擁有最悠久傳統的印度，至今仍有許多人用原始技術在從事加工切磨的行業。因為小克拉的裸石對於切工的要求較為寬鬆，所以仍以人工與時間來製作。世界鑽石切磨的產業上他們擁有密集勞力優勢，全球小鑽有九成都出於印度的蘇拉特這個地方。供應商與鑽石商都聚集在此切磨交易。印度蘇拉特的切磨廠與台灣早期家庭工廠類似，一間一間的房間就是切磨的廠房，在這裡大家席地而坐，對著一個磨光盤輪流拋磨。

黑鑽戒 14.37 克拉

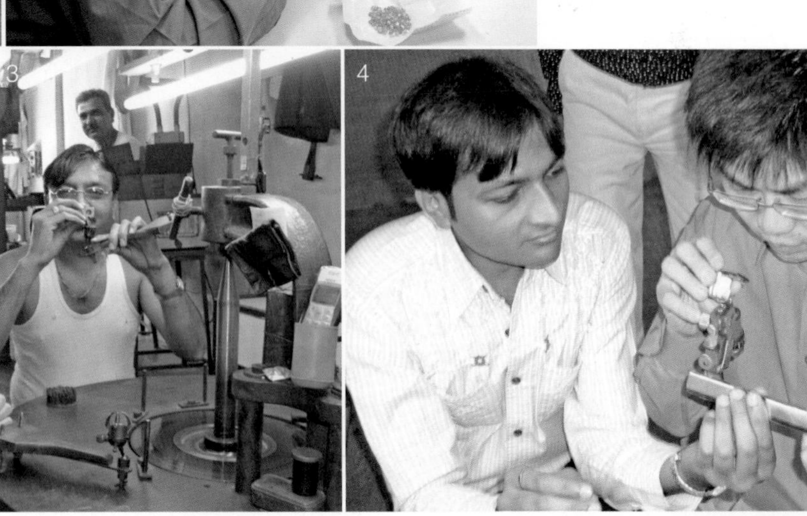

1. 印度鑽石切磨廠，每三到四個技術人員圍著機器席地而坐，正打磨著鑽石。
2. 作者在挑選鑽石原礦。
3. 工匠一邊研磨，一邊用放大鏡觀察並拋光。
4. 作者在檢查剛切磨拋光好的鑽石。

יָפוֹ-תֵּל־אָבִיב

Tel Aviv

特拉維夫在希伯來語中的含義是春天的小丘。

特拉維夫濱臨東地中海，是以色列第二大城市，以猶太人佔大多數，也是以色列的經濟樞紐。特拉維夫被列為中東生活費用最昂貴的大城市。

左圖 黃彩鑽 17.02 克拉 Fancy Yellow VS1 GIA
上圖 梨形黃鑽耳環 黃鑽 2 顆 共 5.97 克拉

粉鑽墜 1.01 克拉 GIA

以色列，1948 年開始由政府支持與銀行合作，使得鑽石切磨產業在創國後迅速地發展起來。鑽石切磨的產值每年約高達五十億美元。現在已經是世界主要的鑽石切割生產地。

1. 筆者在現場操作切磨盤。
2. 拋光研磨。
3. 拋光研磨後，再仔細檢查。在這裡每一份努力與心血都代表著鑽石的價值。

三色彩鑽墜 GIA

Anvers

Antwerp

安特衛普，比利時第二大城市，是重要的經濟和文化中心，也是世界鑽石工業的三大中心之一。

左圖 彩鑽蝴蝶別針墜 彩鑽 19 顆 共 3.05 克拉 右圖 黃彩鑽套鍊 心形黃彩鑽 9 顆 共 6.07 克拉 GIA

比利時，隔著英吉利海峽與英國對望，位於歐洲的中心，因此交通發達。從五世紀前，安特衛普就有磨製鑽石的歷史，1916 年開始鑽石切磨的精製。

安特衛普的居民大多從事鑽石切磨的人員，有『鑽石之城』的美稱，是世界上最重要的鑽石交易地點，更有舉世聞名的鑽石交易所及鑽石博物館。

安德衛普是鑽石加工中心，世界第一。世界百分之八十的鑽石原礦被運往這兒進行買賣，每年的交易額達到 400 億美元。雖然最早發明鑽石打磨技術切割技術是在布魯塞爾，後來隨著搬到這兒，安德衛普也就成了名副其實的鑽石之都。

左圖 粉鑽戒 5.23 克拉
Light Pink SI1 GIA
下圖 黃彩鑽墜 1.38 克拉
Fancy Intense Yellow VS2 GIA

1. 用放大鏡仔細觀察其切工及拋光。
2. 把原礦夾在工具上。
3. 在好友 Mike 的工廠合影。

上圖 圓鑽墜 8.50 克拉 下圖 黃鑽戒 1.29 克拉 Fancy Vivid Yellow SI

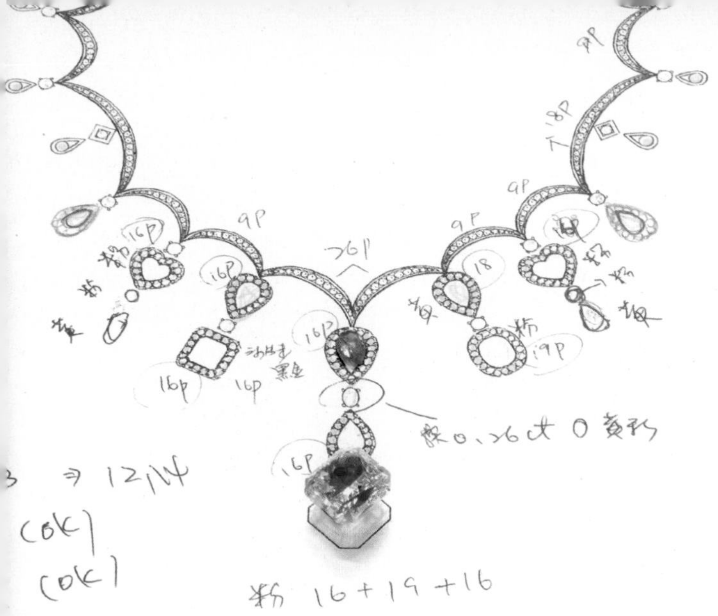

現在的珠寶代表著奢華、美麗。佩帶飾品的起緣是古代人為了防禦外來的威脅，有著避免遭受災禍，增加生存機率的實用功能。到了文明的社會，原本的功能轉化成了權力與財富的象徵。工匠在創作時材質的挑選與製作的用心自然就不用多作解釋了，上好的寶石搭配完美的設計才能合乎達官顯要的榮耀與財富。為了達到需求工匠師傅們也絞盡腦汁、用盡心力地發展出完整而多元的珠寶。他們都是設計師與師傅們的想像力結晶，使靈感現於世界。如同偉大的音樂家，一顆顆的鑽石，就像是個還沒有決定節奏的音符，巧妙地躍進珠寶樂譜，造就出震撼動人的樂章。

每個鑽石都有屬於自己的個性，全交由設計師與師傅去發掘琢磨，溢出它的光采與擄人的靈魂，珠寶設計師與師傅雖然彼此擁有不同的任務，但都是為了賦予她璀璨美麗的生命。

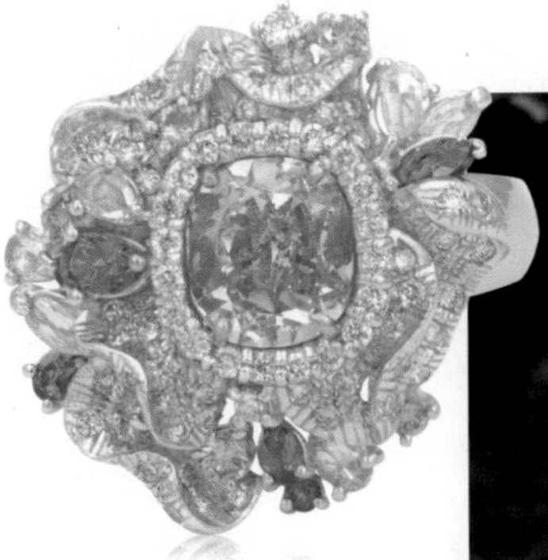

藍鑽戒 2.02 克拉
Fancy Light Greenish Blue

如同大多數寶石，鑽石的也必須經過許多道手續才能夠變成珠寶首飾。粗胚、蠟模、鑄造、拋光、鑲嵌等等的技術都是先人傳承下來的經驗與智慧。使得平凡的金剛石脫胎換骨化為迷人的鑽石。

設計圖是美麗誕生來到這世界的第一步，越明確的圖能夠精準地呈現珠寶日後在製作時的參考與依據。除了主要的鑽石之外，我們也需要其他的寶石來襯托，使的完成的珠寶更加閃耀動人，所以挑選顏色大小的配鑽是十分重要的步驟。上等的鑽石也需鑲配在同等的貴金屬上，常用的貴金屬有黃金、白金。黃金因為延展性好，硬度不高，做成珠寶首飾容易磨損變形。所以多會加入其他金屬來製作。工匠們從以前就不斷鑽研不同的技法。鑽石的原礦不經研磨也沒有光澤，金屬的原台也是。拋光是去除珠寶在製作過程所弄的瑕疵或刮傷整平，以呈現最美好的一面。一件珠寶從零到有是花費許多時間的，而珠寶

之後就是鑽石和金屬的接合，藉著金屬的延展性把鑽石包覆、夾住，也可以藉著鑲嵌的機會把鑽石的天然內含物遮掩起來。通常是由經驗老到的師傅負責這項工作。

珠寶創作是需要用時間與雙手去結合想像與創意的工作，需要想像力去詮釋作品、花費時間來製作珠寶首飾、運用技法結合所需的元素缺一不可，如此才能創作出一件件的華麗臻品。

上圖 綠鑽戒 1.74 克拉 Fancy Intense Green VS1 GIA
右圖 綠鑽耳環

鑽石**交易中心**

綠鑽戒 3.76 克拉 Fancy Grayish Yellowish Green VS2 GIA

紐約鑽石交易所

紐約鑽石區位於紐約市曼哈頓區 47 街上，介於第五與第六大道之間。在二次世界大戰時，納粹迫害猶太人，迫使許多在歐洲從事鑽石產業的人到紐約找落腳地，而逐漸在此成形。

根據報導，鑽石區內約有上百家公司從事鑽石切割，單日交易額約達 4 億美元。大部份的交易也是在交易所中進行，仍是保有猶太人的傳統，握手確認價格，信用無比重要。(右上圖)

印度鑽石交易所

印度頂著金磚四國的榮銜，在鑽石產業也愈來愈旺。2010 年 10 月，印度孟買成立全世界最大的鑽石交易所，讓印度從昔日僅止於製造業的範疇，一躍而上具有全球重要的貿易中心地位。

印度是最早也是最快速成長的切磨中心，印度鑽石切磨廠常是一個家庭世世代代的賴以為生手工藝，連小孩都能夠使用機器來切磨鑽石。

2008-2009 年，金融海嘯讓印度的鑽石加工重鎮地區，深受不景氣影響，約 50 萬工人被迫失業，而 5 千家的工廠，有一半倒閉。不過，現在浴火重生，印度的鑽石業，不僅以工資低而具競爭力，更走向資本密集的鑽石交易商。(右下圖)

紅鑽戒 0.52 克拉 Fancy Purplish Red VS2 GIA

以色列石交易所

二次世界大戰期間，納粹在歐洲迫害猶太人，許多從事鑽石的猶太人跑回以色列在特拉維夫設立鑽石加工廠。1947 年，以色列成立鑽石交易所。1948 年，以色列建國，大批猶太人歸國，並且加入鑽石產業，使得特拉維夫的鑽石產業愈來愈蓬勃。

藍鑽戒 1.04 克拉 GIA

位於特拉維夫市拉瑪甘區的鑽石交易所，由四棟有天橋相連的大樓構成，進去要經過層層安檢，要驗身份證明文件，也要通過 X 光金屬檢驗，以免有人攜帶危險品，還要檢查隨身包包，相機攝影機都不能帶，可見以色列人嚴謹的程度，但是進去後，是一個完整的國度。除了鑽石商的辦公室，還有交易大廳之外，其他的周邊服務一應俱全，有銀行、貨運公司、海關、郵局、餐廳，甚至醫療服務都有，全世界第二大的 EGL 實驗室也在其中，每天鑑定上千個鑽石。

粉鑽 2.50 克拉
Very Light Pink 水滴型粉鑽

藍彩鑽戒 1.00 克拉
Fancy Intense Blue IF GIA

比利時石交易所

當所有珠寶業界的刊物或宣傳中，比利時鑽石協會大聲的喊出 " 鑽石愛上安特衛普 " (Diamonds love Antwerp.)。

你就知道安特衛普在鑽石業界佔的地位，可說是舉足輕重。比利時人敢自豪的說，他們能獲得鑽石的厚愛，他們也是將鑽石推向更完美，更讓人摯愛的推手。安特衛普主宰了全球大量的鑽石交易，安特衛普切割的鑽石也以品質良好而知名，更重要的是，它是鑽石原礦的交易中心。所以愛鑽石的你，也會愛上安特衛普。

安特衛普是個寧靜優雅的城市，市中心的建築感覺上都有數百年之久，高級名車在石板路上奔馳，是融合傳統與現代的最佳寫照。為什麼鑽石業會在安特衛普興盛？其實在上個世紀初，阿姆斯特丹因自由貿易盛行，而聚集了許多猶太人在此切割與交易鑽石，但二次世界大戰之後，荷蘭的稅賦提高，所以業者就往南移到比利時，而落腳在最靠近荷蘭的城市 - 安特衛普。

白鑽 5.81 克拉 H VVS2 EGL

濃縮的財富『彩鑽』

根據數據顯示，平均 250 萬克拉的鑽石中形成彩鑽之鑽石只有 1~2 克拉。GIA 及 EGL 的專家估計，平均來説所有鑽石原石只有 2%達到彩鑽的標準。而可切磨成能販售的鑽石就更少了，大約每 1 萬克拉切磨好的鑽石只有 1 克拉是彩鑽，顏色濃烈的彩鑽平均在 25000 顆鑽石中也不過只能找出 1 顆，也就是大概需要 1400 噸的鑽石礦土才能挖出 1 克拉的彩鑽。在澳洲阿蓋爾礦區中，每 100 萬克拉的原礦，也只能零星採到 700 顆渺小的粉色鑽石晶體，大都約只有 20 分左右，極少數會超過 1 克拉。這年產量不到 1% -2%的粉鑽是這世界絕無僅有的大地瑰寶，它的珍貴稀有讓人瞠目結舌，動人心弦。而彩鑽教父 Mr. Eddy Elzas 更如此説道：「彩色鑽石稀罕程度只能 I WISH (我希望擁有)，卻不能 I WANT（我要它）。」依據近十年國際拍賣目錄顯示，前十大最高成交品中，有六、七成以上是鑽石。而彩色鑽石是前幾項最高單價的商品，因為彩鑽的稀有及市場上的需求，再加上拍賣會的推波助瀾下，超過一克拉以上的藍鑽、綠鑽或是粉鑽，價格更是令人咋舌，更不用提紫鑽或是紅色的鑽石了。

西元 1987 年 4 月 28 日，紐約的佳士得拍賣會，一顆名為 HANCOCK 的 0.95 克拉紫紅色彩鑽，以每克拉單價達 92 萬 6300 美金，以當時匯率 1:40 計算，這顆不到 1 克拉的紫紅色彩鑽在當時要價台幣 3500 多萬，不僅創下了紀錄，也轟動了全世界，也將彩鑽價值逐漸推上頂上

Polished Diamond Prices Over the Last 50 Year

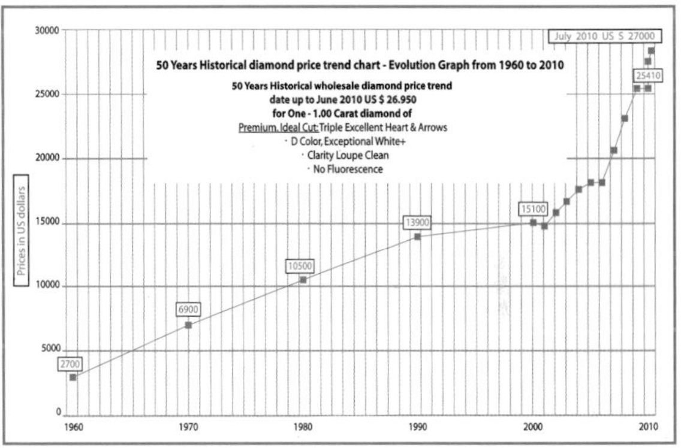

Source:Ajediam.com

Metal Prices, 1990-2009

Source:www.indexmundi.com

黃綠鑽 5.07 克拉 Fancy Yellow-Green IF GIA

高峰。彩鑽專家 Harvey Hariis 如此説道：「人類懂得稀少性賦予價值以來，從未見過這麼多的人願意花如此高代價在這麼濃縮渺小的物品上。」彩鑽在這 30-50 年來漲了約 30-40 倍多，彩色鑽石成為了這世上最濃縮的財富。

很多人認為只有頂級彩鑽才具有投資價值。但過去紀錄顯示不論淺綠、淺藍、淺粉彩鑽都因為礦源減少以及需求而增值了不少，如 2011 年的拍賣會上一個 2 克拉 Faint Green 微弱淺綠的綠鑽，成交價就超過百萬；2012 年拍賣會一克拉的粉鑽 Very light pink 也要價百萬，2011 年底，舉辦了一場已故的好萊塢女星伊莉莎白 · 泰勒的收藏拍賣會。在生前以收藏珠寶聞名的她，30 年前折合 120 萬台幣購買一款珠寶，居然成交價高達 3.5 億台幣，造成市場上轟動。因此在選購喜好的彩鑽同時，仔細挑選彩鑽與珠寶設計，間接地提升珠寶的藝術價值。必然能夠賞心悦目，保值以及增值。

而就珠寶市場來説，景氣不好是買進的好時機，景氣大好之時就是賣出的好時機。平時多認識珠寶、熟悉接觸，拍賣會就能增長您的眼力及功力。再加上魄力與財力，珠寶投資絕對不是説説而已。

近年來，蘇富比、佳士得等國際拍賣會上，粉紅鑽石是從不缺席的絕世嬌客，它那極為迷人，誘惑人心的嬌嫩粉紅色之外，它的稀罕性更總是驚艷群石。雖然粉色鑽石在大部分的國際珠寶鑽飾中，大都應用於密釘鑲的小型珠寶作品或作為大型珠

Index of Basic Goods, 1990-2009

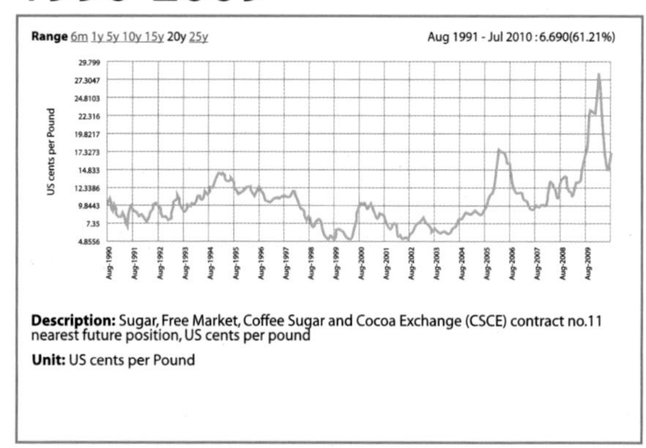

黃鑽戒 5.93 克拉 Fancy Vivid Yellow GIA

寶作品的配鑽，其因粉鑽是如此的珍罕，所以它的珍貴性深受世人珍藏。2009 年 11 月佳士得拍賣會上，一顆 5 克拉的粉鑽，於當時預估標價為 2 億新台幣而後以 3.5 億新台幣成交。隔年，11 月蘇富比一枚 24.78 克拉絕美粉鑽，市場當時預估就成交價在 270 萬美元至 380 萬美元之間。在此之前，最貴的鑽石拍賣價是在 2008 年 12 月，一顆 35.56 克拉的藍鑽，當時成交價以 2430 萬美元拍出，立即震撼全珠寶業。而這顆 24.78 克的罕見的粉紅鑽，在 2010 年 11 月日內瓦蘇富比拍賣會場，不到 10 分鐘，競標價格輕易的就超越 35.56 克拉藍鑽的歷史記錄 2430 萬美金，一路飆到 4000 萬美金 (即是 12 億新台幣)，最後來自英國的珠寶商人格拉夫 Graff 出價 4615 萬美元 14 億新台幣，搶得這顆 24.78 克拉的絕世粉紅鑽石。這絕美珍罕的粉色鑽石引起瘋狂的價格，造就改寫了鑽石價值的歷史。這樣的天價及成交數字，再次證明彩鑽的絕高價值性以及珍罕性，珍貴的彩鑽是上帝給予我們不可多得的稀有珍寶。

筆者與 GIA 校長合穎

上左　白鑽戒 3.00 克拉 G IF
上右　黃彩鑽 10.05 克拉 Fancy Yellow SI1 GIA
下圖　白鑽戒 4.02 克拉 I IF 配鑲 鑽 90 顆 1.31 克拉 HRD

左圖 4.01 克拉 H VS1
右一 彩鑽手鍊 彩鑽 8 顆 共 4.67 克拉
右二 彩鑽手鍊 彩鑽 9 顆 共 4.18 克拉

濃縮的財富『彩鑽』

很多人認為買房子是投資，所以不管是自住或看好後市要投資，只要付得起部份資金，都會敢向銀行借貸買房子。的確，很多人或許因為眼光精準，也或許因為誤打誤撞，在對的時機與對的地點買到了房子，而坐擁投資的勝利。但你有沒有聽過有人想賣房子時要倒貼一筆錢給銀行才能賣嗎？因為賣的價格比當初向銀行貸款時的金額還要低，賣了都不夠還銀行貸款。所以所有的投資都關係到三個原則，你的買賣時間點對不對、你挑選的標的對不對、以及你購進的成本偏高或偏低。很多人不知道珠寶是一種很好的投資，大多數人對珠寶的認知在於它是美麗的，它可能是具有紀念與永恆意義的，但很多人忽略了它是活動的資產，最濃縮的財富。

珠寶是最濃縮的財富，一顆稀有的寶石價值不輸車子、房子、體積卻很小、方便攜帶、珠寶是活動的資產、因為它非常便於攜帶，而且是全世界流通。它在甲地買的，可以到乙地賣，不受到地域上的限制，所以在資產配置上，不可忽略珠寶這獨特的優點，珠寶的好處還有因為不用像房子，只要是持有，每年要繳稅，也不用花費用去保養或維持它，也不像購買基金，要

黃鑽裸石 10.21 克拉 Fancy Light Yellow VS

Argyle 粉紅鑽 1.12 克拉
Fancy Orangy Pink GIA Argyle

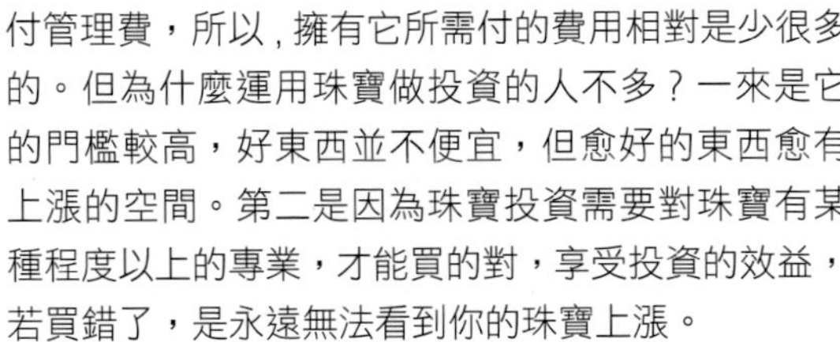

付管理費，所以，擁有它所需付的費用相對是少很多的。但為什麼運用珠寶做投資的人不多？一來是它的門檻較高，好東西並不便宜，但愈好的東西愈有上漲的空間。第二是因為珠寶投資需要對珠寶有某種程度以上的專業，才能買的對，享受投資的效益，若買錯了，是永遠無法看到你的珠寶上漲。

第二是買賣的時間點對不對，基本上，珠寶的價格大多是不回頭的，它當然也會因景氣的好壞波動，但是波動較其他工具小，所以當你在景氣不佳時賤價求售，是非常不智的。若能在某種珠寶被炒作前先購入，是最好不過了。當珠寶的知名度大增，需求大過供給，價格就迅速飆升，但所謂千金難買早知道，如何能預估的準，其實需要很深的功力，一般投資人還是穩當的依自己的喜好，當做定期定額投資，長期下來也會看到績效。

第三是買賣的價格對不對，購買大品牌的珠寶固然真假上較有保障，但它們大多以奢侈品的特性操作，所以價格非常高昂。有人曾經開完笑說，如果你拿一千元去當舖典當，當舖可能只估給你五百元。所以要選擇好的買賣管道才會看到投資效益。拍賣會是一個好的管道，賣家簽定合約將願意出售的底價給拍賣公司，眾多買家競爭出價，因為要吸引買家，所以賣家出的價比一般店家低，但若商品夠好，買家也要肯花錢，才能從眾多競爭者中出線。所以拍賣會也是一個收集資料的好地方，拍賣會的成交價格是購買珠寶時很好的參考依據。不過因為大型拍賣會收的手續費不低，購買時要將這個成本算進去，現在網路上也有珠寶拍賣會，收費便宜許多，只要是可信任的平台，也是好的選擇。

上述三項基本原則一定要掌握，你才能感受到珠寶是個好的投資，也恭喜你對珠寶有了進一步的認識，當你在思考你的資產要怎麼配置時，強烈的建議將珠寶投資考慮進去。它有一個最好的附加價值就是它的美令人賞心悅目，有什麼投資工具是讓你能賺錢又能提升你的品位與質感，還能讓你配戴在身上更加美麗，就只有珠寶吧！

何謂 Argyle ?
(Argyle Pink Diamand)

阿蓋爾鑽石礦場 (Argyle Diamond Mine) 是世上單一採鑽石最大的生產礦場，位於西澳的甘比利區。甘比利的氣候極為炎熱潮溼，每年十月至三月的氣温平均超過攝氏 40 度。1985 年，阿蓋爾礦場開始於甘比利投產，由礦場合資企業負責管理運作，2002 年全資由力拓 (Rio Tinto) 集團擁有。自投產以來，阿蓋爾共出產近六億五千萬克拉的鑽石，每年鑽石總產量超過二千五萬克拉，但是粉紅鑽少之又少，每年也只有數百顆出產，大多都是 20 分以下的晶體，磨成成品後的數量更小，粉鑽原石的價格卻高達 20-30 萬美金 (每克拉)。

上圖 Argyle 粉鑽戒 Argyle 粉鑽 2 顆 共 0.56 克拉
下圖 Argyle 粉鑽戒 0.56 克拉

Argyle 粉鑽戒 0.36 克拉

2007 年 Argyle 粉紅鑽拍賣會上的五十顆粉紅鑽大概有三十幾顆重量都有超過 1 克拉。之後 2010 年拍賣會上超過一克拉的裸石約有二十顆，2011 年在日本舉行的 Argyle 頂級粉紅 拍賣會上，這時竟然只有十幾顆超過一克拉。而且淨度等級大都是 I1。試想全世界最大的 Argyle 粉紅鑽礦區每年只有十幾顆 1 克拉以上的粉紅鑽，卻要供應全世界的需求。那麼未來的價值是否還難以想像？

Argyle 粉鑽戒 0.30 克拉

CHAPTER TWO

Feldspar

長　石

拉長石原礦

Feldspar

長　石

產地：印度、斯里蘭卡、美國奧律岡州、馬達加斯加、坦尚尼亞及非洲等地、中國西藏及蒙古。

- 礦物學名：長石
- 化學式： $K(AlSi_3O_8)$
- 比 重：2.58
- 摩氏硬度： 6~6.5
- 結晶構造：單斜晶系
- 折射率： 1.518~1.526(雙折射性)

拉長石原礦動物雕件

月光石墜 13 克拉

長石的英文名稱為 Feldspar，由德文 Feldspath 演化而來。Spar 是裂開的意思，準確地揭示了長石具有完全解理的特性。雖然長石家族的種類很多，是自然界分布甚廣的礦物族群，也是地殼的主要造岩礦物，不過常見的寶石種類有月光石 (正長石)、日光石 (鈣鈉長石)、天河石 (微斜長石) 與拉長石 (鈣鈉斜長石)。長石溫潤淡雅及獨特的暈彩或變彩現象，卻也增添了幾分迷人的優雅。

方圓之間月光石設計戒 7.723 克拉

月光石 Moonstone

印度及斯里蘭卡的月光石。自古以來，印度人都認為女人能擁有一顆月光石，就能幸福一輩子。月光石上的那一抹彩光，成就了這樣浪漫的傳說。寶石學家認為月光石的藍暈為光線通過寶石內的多層的鈉長石 (albite) 結晶，構成格子狀結構的微斜長石。格子雙晶層的厚度很薄，在 50-100nm 之間，這兩組相互近似垂直的雙晶紋，當有解理面存在時，可伴有干涉或衍射，長石對光的綜合作用使長石表面產生一種藍色的浮光。內部絲狀層次越薄，藍光越強，層次越厚，內部絲狀顏色越白。最有價值的月光石應顯示藍色的光暈。月光石通常比較常見的是無色至白色，也有淺黃、橙、淡褐、棕色、藍灰或綠色及黑色，而透明或半透明，具有特別的月光(藍暈) 效應。若是月光石內有許多內含物，再加上寶石本身顏色較深，通常也被切割成較高的蛋面讓光線能集中聚集在頂端，即所謂的貓眼月光石，由於其內的絲狀結構所構成的貓眼效應。

月光石套鍊 月光石共約 100 克拉

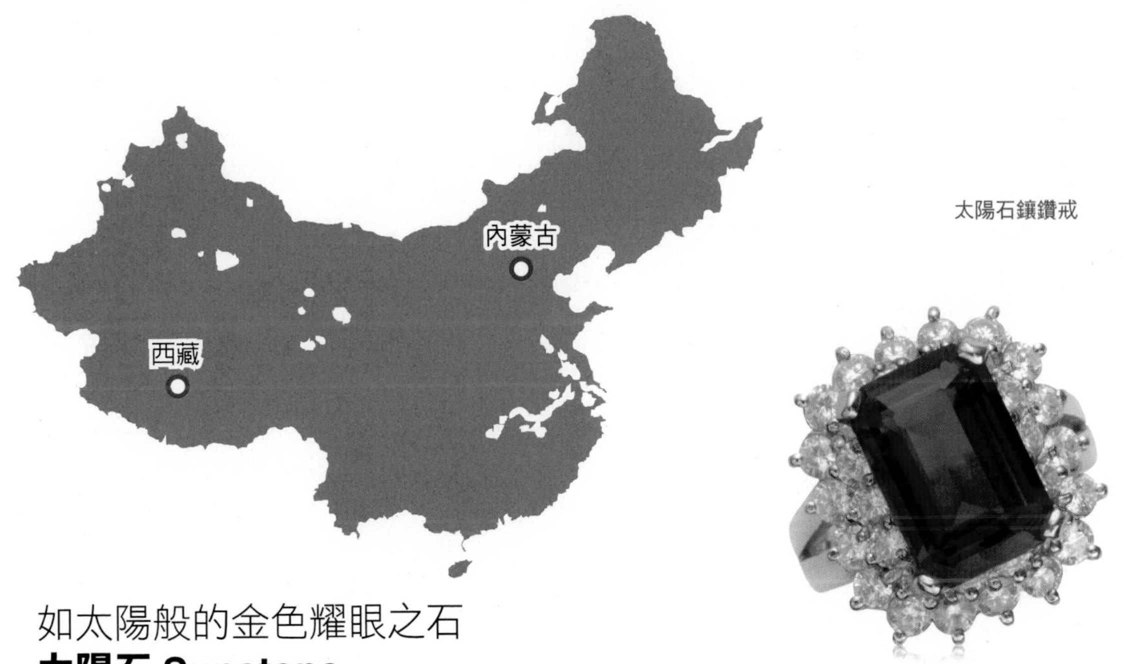

太陽石鑲鑽戒

如太陽般的金色耀眼之石
太陽石 Sunstone

陽石屬於長石家族的一員，因晶體中含有赤鐵礦、針鐵礦等的紅褐色片狀礦物包裹體，對光反射而出現金 色耀眼的閃光，所以稱為太陽石。2005 年筆者在天津，看到這些自稱西藏發現的太陽石，後來 2007 年又在美國吐桑展見到它的蹤跡。經過一番研究發現，太陽石一部分是從西藏 Bainang City 來的；另一部分從蒙古的 Guyang 地區來的，兩地的成分非常相近，但是蒙古產的沒有含銅，顏色大多偏黃色；西藏所產的含銅成份比較高，多呈現紅色。

西藏的太陽石，產在海拔四千到五千公尺高的青康藏高原火山灰附近的沉積岩中，冬天時冰天雪地，無法前往，夏天時因交通不便，也不容易到達。當地的人說 1970 年就發現這個礦了，但是到了 2006 年才開始商業化的開採，當地政府不准許外國人或外地來的人到當地採訪，除非有中國政府當局的核准文件，因此礦區至今都非常神秘。內蒙產太陽石的地方在中部的 Guyang 地區，從呼和浩特到礦區，大約開車六小時就能到達，自 2003 年起，這邊的礦區就開始商業化的開採了。

在西藏發現的太陽石有約 80% 是橘紅色，20% 是紅色，甚至還有綠色，但寶石級的比例只有約 6% 而已。而同樣是沖積礦的蒙古太陽石，產量相對比西藏大，但是因為顏色不佳，因此很多蒙古太陽石使用擴散處理或雷射改變顏色。

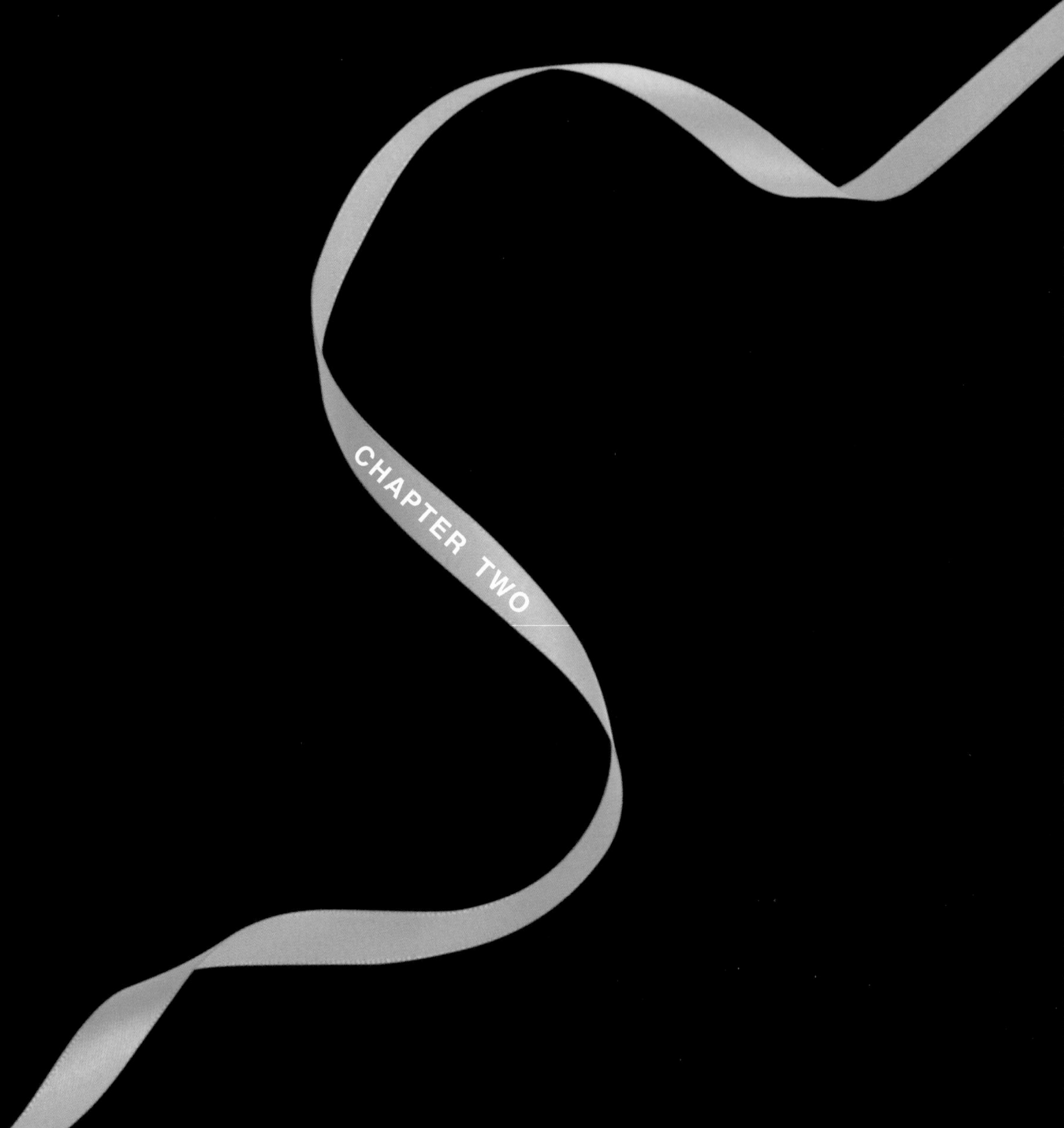
CHAPTER TWO

Garnet

石 榴 石

翠榴石原礦

Garnet

石 榴 石

產地：要產地有斯里蘭卡、印度、馬達加斯加、美國、中國'奈及利亞及非洲各地。

・礦物學名：石榴石
・化學成份：SiO_4
・比重：3.1~4.3
・摩氏硬度：6~7.5
・結晶構造：等軸晶系
・折射率：1.74~1.88

上圖　沙弗萊裸石 3.88 克拉
右圖　在肯亞沙弗萊公園所開採出在雲母中的沙弗萊石原礦

沙弗來原礦

翠榴石裸石 1.7 克拉

充滿潛力的**明日之星**
沙弗萊石

沙弗萊石可說是肯亞的代表寶石 (沙佛萊石是鈣鋁石榴石的變種石)，雖然在肯亞及坦尚尼亞有幾個小礦同時都在開採，但是主要礦藏是在沙弗國家公園 (Tsavo National Park) 附近 200 公里內。寶石學家 Campbell Bridges 博士 1970 年在肯亞發現這種綠色漂亮的石榴石時，決定以國家公園的名字 (Tsavo) 命名為沙弗石 (Tsavorite)。

沙弗來原礦

沙弗萊石原礦

非洲的紅石榴石

當地非常乾旱，大部分時候是缺水的，土壤是堅硬乾枯，不僅難以開採，一般最多挖到地表兩公尺，並且沒有水來進行淘選。所以都沒有現代化的開採工具，大部分的礦工都是以圓鍬，榔頭等簡單的開採工具，用肉眼在土壤中尋找沙弗萊的蹤跡，甚至有些礦工去尋找白蟻堆上的沙弗萊石，白蟻從土壤中推出來做窩的沙弗萊，幫礦工省了些力氣。這和其他的採礦方式相較，是非常沒效率的，因此開採出的量很少，不具經濟規模。所以這就是沙弗萊在珠寶市場上稀少的原因。

上圖 沙弗萊設計戒 2.06 克拉
右圖 沙弗萊戒

Campbell Bridges 在 1967 年時就曾在坦尚尼亞發現這種礦，但是由於當地貧窮混亂，政府也不允許開礦，所以做罷。Bridges 博士終其一生都以寶石

挑選石榴石原礦

上圖 荷蘭石墜 5.53 克拉 (Spessartine)
下圖 荷蘭石戒

研究與挖掘為職志。2009 年不幸在肯亞礦區被暴民殺害，一度造成恐慌，許多礦工不敢到當地開採，造成市場缺貨。2011 年一月十日，英國股票上市的礦業公司 Tanzanite One 發表了 Lemshuko 沙弗萊計畫。預計大規模量產當地的沙弗萊礦。(當地也發現不少的太陽石)，因此預計沙弗萊的市場將會擴大，需求也會增加。

沙弗萊石幾乎是人見人愛的寶石，但是結晶顆粒非常小，大多小於一克拉。三至五克拉以上就算非常稀少了。它的綠漂亮極了，有深綠，黃綠，翠綠等，它的淨度很高，折射率也很高 (1.3-1.75)，因此沙弗萊石絕對是明日之星，近來在國際拍賣會上也常見它的蹤跡，5、6 克拉的沙弗萊石可拍到百萬之譜，由此可見它的潛力無窮。

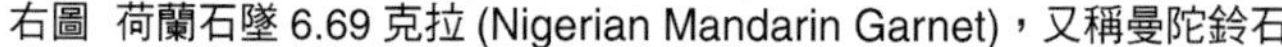

左圖　坦尚尼亞產的 Malaya 變色石榴石 (由紫紅色變成橙紅色)
右圖　荷蘭石墜 6.69 克拉 (Nigerian Mandarin Garnet)，又稱曼陀鈴石

翠榴石

在石榴石家族中有一種非常稀有珍貴的寶石叫作翠榴石 (Demantoid)。它的色散非常高，達 0.057，比鑽石的 0.044 還要高。因此它看起來非常耀眼。蘇聯的烏拉山所產的翠榴石有著非常特殊的 Horsetail(馬尾) 內含物。我們也常在古董珠寶中看到翠榴石的作品，因為遠在十九世紀中期它的原生礦床就被發現了。

在寶石的世界中，翠榴石佔有非常重要的地位，因為那小針狀組成羽毛或馬尾的形態，在自然界中始終讓人嘖嘖稱奇。2012 年國際拍賣會中有一套樣式簡單的翠榴石戒指、耳環，在拍賣現場一次一次被加價，最後是以底價的 3 倍價格成交。其熱絡的程度，可想而知。

錫蘭特產 Rhodolite garnet

系列	寶石	化學式	折射率	比重	顏色	說明
	鎂鋁榴石 Pyrope	$Mg_3Al_2(SiO_4)_3$	1.720~1.756	3.65~3.80	血紅 玫瑰色	・英文名 Pyrope，源自希臘文「火」的意思。 ・又稱紅石榴石，容易與紅寶石混淆。紅石榴石：單折射；紅寶石：雙折射。 ・產於巴西、中國 。
鋁榴石	鐵鋁榴石 Almandine	$Fe_3Al_2(SiO_4)_3$	1.79	4.12~4.20	暗紅 棕紅	・市場上稱貴石榴石，為最常見的石榴石。 ・若為深紅透明者，肉眼難與鎂鋁石榴石區別。 ・產於錫蘭、斯里蘭卡。 ・鐵鋁與鎂鋁所混合的石榴石，是為偏紫色的石榴石，稱為「Rhodolite Garnet」。
奈及利亞的錳鋁榴石(荷蘭石)原礦	錳鋁榴石 Spessartine	$Mn_3Al_2(SiO_4)_3$	1.81	3.95~4.20	黃橘 橘紅	・荷蘭石：含少量鎂鋁石榴石的錳鋁石榴石，最早由荷蘭探險對在非洲發現。 ・與黃橘色黃寶石顏色相近，容易混淆。 ・錳鋁石榴石：單折射；黃寶石：雙折射。 ・產於錫蘭、馬達加斯加、巴西。
鈣榴石	鈣鋁榴石 Grossularite Hessonite-Grossular Garnet	$Ca_3Al_2(SiO_4)_3$	1.720~1.740	3.6~3.68	綠 澄黃 棕黃 玫瑰紅	・隨我來(Tsavorite，又稱沙弗萊石)：鉻釩鈣鋁榴石，僅產於肯亞 Tsavo 國家公園。 ・近似祖母綠的綠色。 ・黃色的鈣鋁又稱為「肉桂石」，就是 Hessonite-Grossular Garnet。 ・水鈣鋁榴石：呈綠色，似硬玉，產於南非 Pretoria。外形似翡翠，市場上以非洲玉稱之。
	鈣鐵榴石 Andradite	$Ca_3Fe_2(SiO_4)_3$	1.888	3.82~3.85	黃 綠 棕 黑	・著名翠榴石(Demantoid)：又名烏拉山祖母綠(產於俄羅斯烏拉山)。 ・比鑽石還高的色散率，切割後火光極佳。
沙弗萊 10.28 克拉	鈣鉻榴石 Uvarovite	$Ca_3Cr_2(SiO_4)_3$	1.87	3.77	深綠色	・透明者可作寶石，十分罕見 。 ・著名產地：俄羅斯烏拉山及芬蘭。

馬達加斯加的翠榴石 (Madagascar Demantoid)

俄羅斯所產的翠榴石特有的馬尾現象
(Russian Demantoid Horse Tail)

納米比亞在 1997 年發現了少量的翠榴石。它的顏色比較淺，如淺黃綠色，或是灰綠色。它在次生礦首次被發現，是在距離那米比亞中部約 150 公里處的 Kham River 河中淘選出來的。但是其原礦都不大，而且帶有灰色，不被市場所喜愛，因此在市面上並不常見。

馬達加斯加的翠榴石在 1992 年就被法國人發現。它來自於馬達加斯加西北部的 Ambahja 這個地方。早期翠榴石常被當成綠色鋯石或是綠色剛玉。直到 2008 年當地市場才知道它的真正身分。筆者在 2009 年在馬達加斯加做田野調查，就發現了這個當地的特產。馬達加斯加的翠榴石顏色大多呈黃灰綠色，有些甚至棕黃綠色。經過打磨之後，非常搶眼。雖然蘇俄的翠榴石已經絕礦了，但在馬達加斯加又發現了新機。

JJ 沙弗萊百年紀念設計墜
沙弗萊 2 顆 配鑲 鑽 75 顆

左圖 無燒沙弗萊鑽墜 5 克拉
右圖 無燒沙弗萊鑽戒 沙弗萊 8.31 克拉 Vivid Green GRS

珍貴的坦尚尼亞變色石榴石，由綠色變成橙紅色 (變化前)

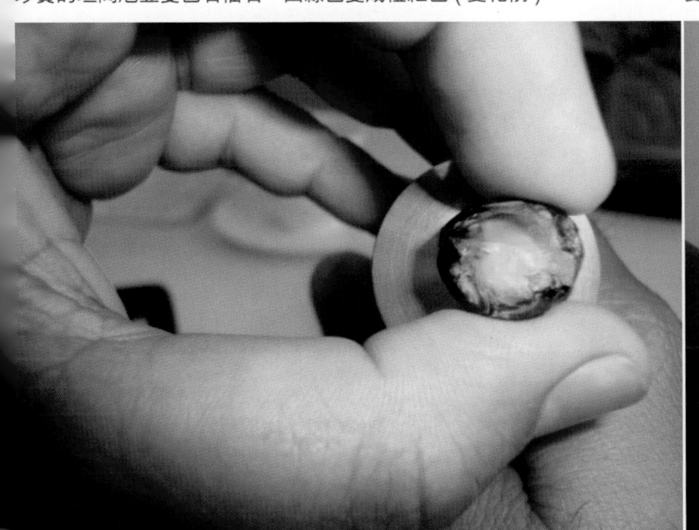

變色石榴石 (照黃燈變橙紅色)

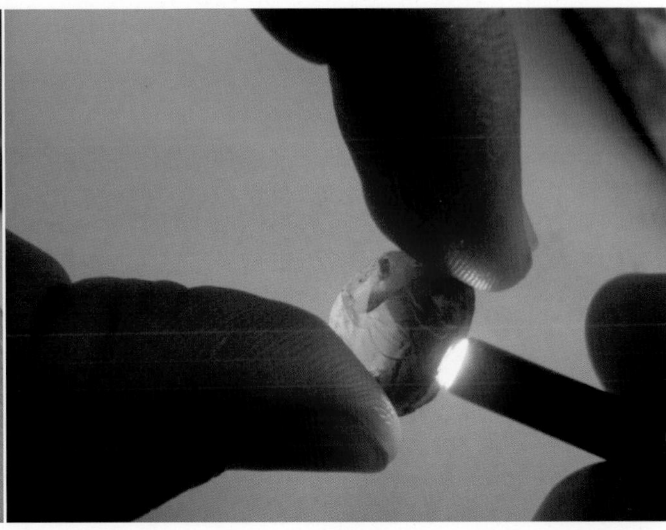

CHAPTER TWO

Jadeite

翡 翠

（ 硬 玉 ）

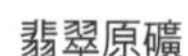

翡翠原礦

Jadeite

翡 翠

（ 硬 玉 ）

產地：美國加州、日本、瓜地馬拉、緬甸、蘇聯。

- 礦物學名：硬玉
- 硬度：6.5-7
- 光澤：玻璃光澤
- 比重：3.28-3.4（平均 3.33）
- 折射率：1.66-1.67
- 透明度：半透明至不透明

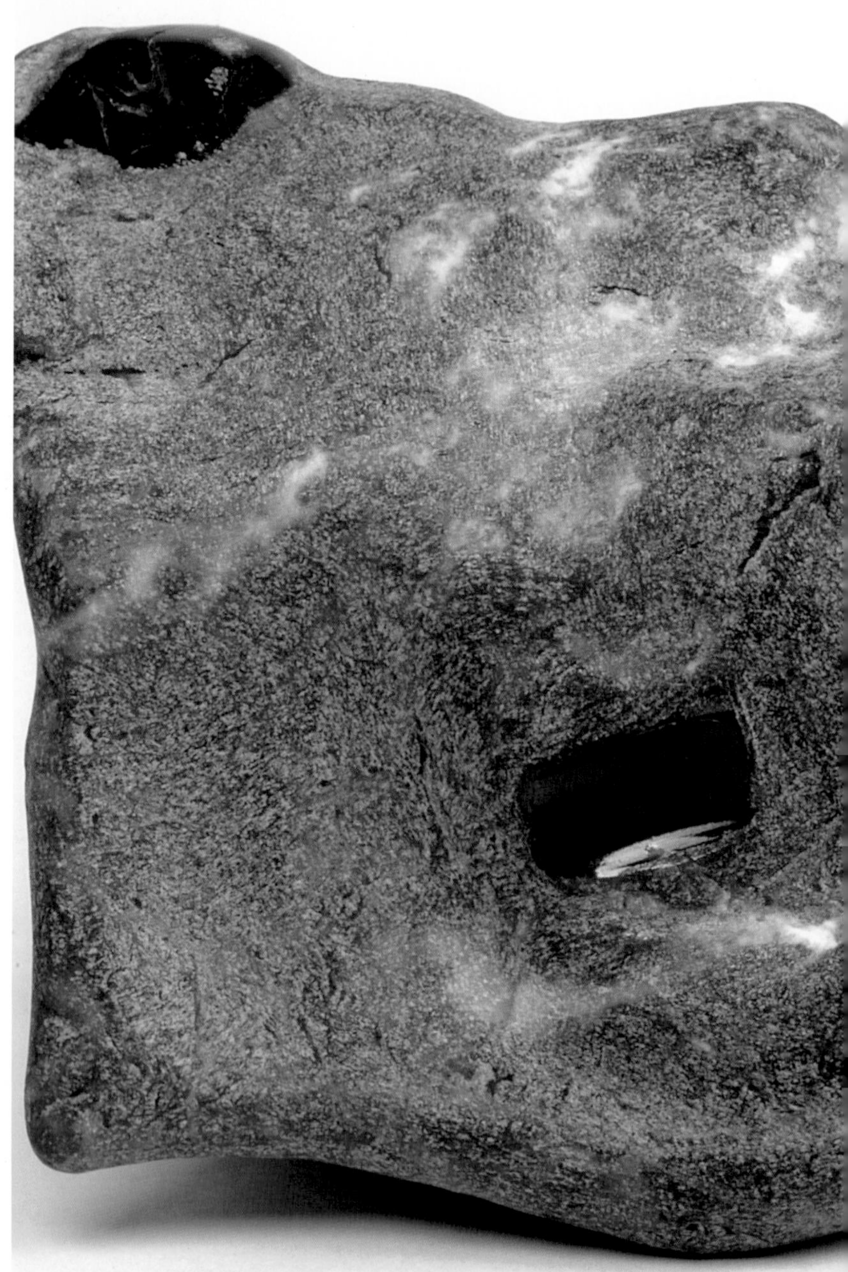

墨翠原礦

天然翡翠鑽戒（木納料）

在緬甸挑選原料

東漢《說文解字》：『翡，赤羽雀也；翠，青羽雀也。』因此翡翠的名稱來自一種羽毛鮮艷的鳥禽，與硬玉的顏色很相似；明朝時，緬甸玉傳入中國，冠以「翡翠」之名。因此就用「翡翠」來代表硬玉。其中以正濃陽勻來判斷其品質。翡翠一直被認為是玉中品質最高級的。翡翠的顏色鮮艷，透明度更高，一樣可以製成玉器，也能用金銀鑲嵌，製作成各種首飾，用途廣泛。

玉由連鎖顆粒結構的輝石結晶組成，多晶聚合體，產狀顏色繁多，包括綠、淡紫、白、粉紅、棕、紅、藍、黑、橙和黃色。最珍貴的帝王玉，呈現富麗的深綠色。素有「老坑玻璃種」美譽。翡翠礦床儲量位於緬甸北部的密支那地區，其中木納河中游所產的料顏色飽滿通透，為大眾喜愛，又稱木納料。

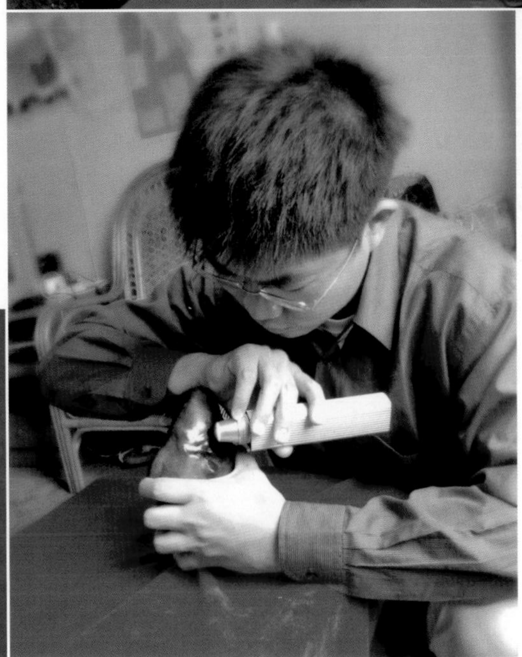

緬甸礦區
高檔翡翠原料

緬甸礦區

筆者身後為緬甸玉原石

冰種彌勒

近 10 年來，因為中國市場的崛起，高檔翡翠大放異彩。由於需求強勁，硬玉的漲幅甚至超過數十倍。除了緬甸生產硬玉之外，包括日本、加州、蘇聯及瓜地馬拉，都有發現過硬玉。

坑

老坑：有皮，質地細膩，結晶顆粒小，透明度高。
新坑：質地大多普通，缺乏外皮，質地較為粗糙，結晶顆粒大，透明度較低。

硬玉有原生礦和次生礦之分。次生礦就是經過河水等自然地質運動搬運的挑選過後的礦物，為水石或水翻砂石，通常稱之為『老坑』。

翡翠 ABC 貨

A 貨 : 天然玉石，沒有經過任何的人工處理 (拋光及琢磨除外)。
B 貨 : 玉石的本身有些微的黑點或雜質而用人工方式浸酸將其處理掉，使其外表看起來完美無缺。
C 貨 : 代表的是經過染色及封蠟的玉，價值較低。

上圖 天然 A 貨木納料翡翠戒
左圖 老坑玻璃種翡翠鑽戒 歐陽秋眉證書
右圖 墨翠鑽墜

水頭

硬玉的透明度市場上稱之為水頭，又稱種。玉的透明度以寶石學的角度大概可分為透明、半透明、透光、半透光、不透光。其中透明的稱為玻璃種，半透明的稱為冰種，最為市場追捧。

上圖 白翡設計墜
右圖 刻面墨翠戒
下圖 墨翠戒

翡翠顏色與價值

1. 鮮綠(老坑)、翠綠(木納)價值最高。
2. 墨翠及白翡近年來價格也攀漲。
3. 蘋果綠、紅翡、黃翡、紫羅蘭、花青、油青、豆青……次之。

地

簡稱地、或底，也稱種，是指翡翠的種別(晶體結構)。如冰種、玻璃地、豆種、白底青、油青、花青、糯化地、清水種、藍水種等。

左圖 冰種觀音
右圖 墨翠蛋面項鍊 賴泰安證書
下圖 五色翡翠鑽戒

左圖　白翡綠翠戒
下圖　天然 A 貨翡翠玉手鐲
右圖　黃翡葫蘆戒

左圖　黃翡戒
右圖　墨翠沙弗萊鑽墜
下圖　高檔老坑翡翠戒

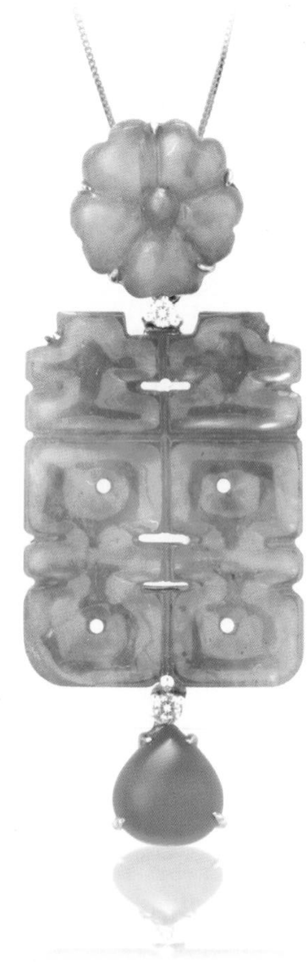

雙喜黃翡套組　墜 / 耳環

老坑種翡翠別針與墜兩用
白翡沙佛萊胸針

上圖　林文苑大師紫羅蘭鵜鰈情深雕件
右圖　水仙螳螂雕件

春意盎然菊花黃翡巧雕

A 貨翡翠巧雕 頂瓜瓜

蘭花與螳螂翡翠雕件

CHAPTER TWO

Lapis Lazuli

青 金 石

青金石原礦

Lapis Lazuli

青 金 石

青金石項鍊

青金石戒

產地：美國、蒙古、緬甸、阿富汗、智利、加拿大、巴基斯坦、印度、安哥拉、俄羅斯。

- 礦物學名：青金石
- 化學成份：$(Na,Ca)_8(AlSiO_4)_6(SO_4,S,Cl)_2$
- 比重：2.42
- 摩氏硬度：5~5.5
- 結晶構造：等軸晶系
- 折射率：1.502~1.505

青金石礦床經過接觸交代變質作用形成的多礦物集合體。成分包括青金石、藍方石、方納石、黝方石，以及少量的方解石、黃鐵礦、角閃石、還有輝石與雲母。其中以青金石礦物為主，而黃鐵礦和方解石則不規則的散佈在其表面，在深藍的襯托下呈現星點般的閃光，幽遠而美麗。

青金石的顏色從深藍、天藍、紫藍、到綠藍皆有，層次豐富。青金石又為阿富汗國石。早在六千多年前就已為中亞國家開發使用，在巴比倫與埃及為貴重寶石，層為巴比倫國王朝貢給埃及國王的禮品之一，更頻繁地現於詩歌。古墓中發現的護身符、圓柱型璽、聖甲蟲刻紋的寶石等工藝品，都可見到青金石的蹤跡。中國青金石的使用則始於西漢時期，因其「色相如天」，故古人尊青金石為天石，用於禮天之寶，不論朝代皆受重用。也多被製為皇帝葬器。

古希臘、古羅馬至文藝復興時期，青金石被作為群青色顏料，許多舉世聞名的油畫都使用上。而中世紀時修道士為裝飾經書，將其磨碎後加入蜂蠟、松香及麻油子一同碾揉成團，用在經書的裝訂上。其顏料因貴重，以致委託製作的工作，便是富有的象徵。中國也曾研磨而用來描眉。在現代，青金石穩重深邃的藍色調，一樣倍受喜愛，華貴莊重的氣韻，難怪知名品牌皆使用青金石來搭配。

青金石鑲鑽 K 戒

100 年前 琺瑯古董煙嘴 L.JANESICH

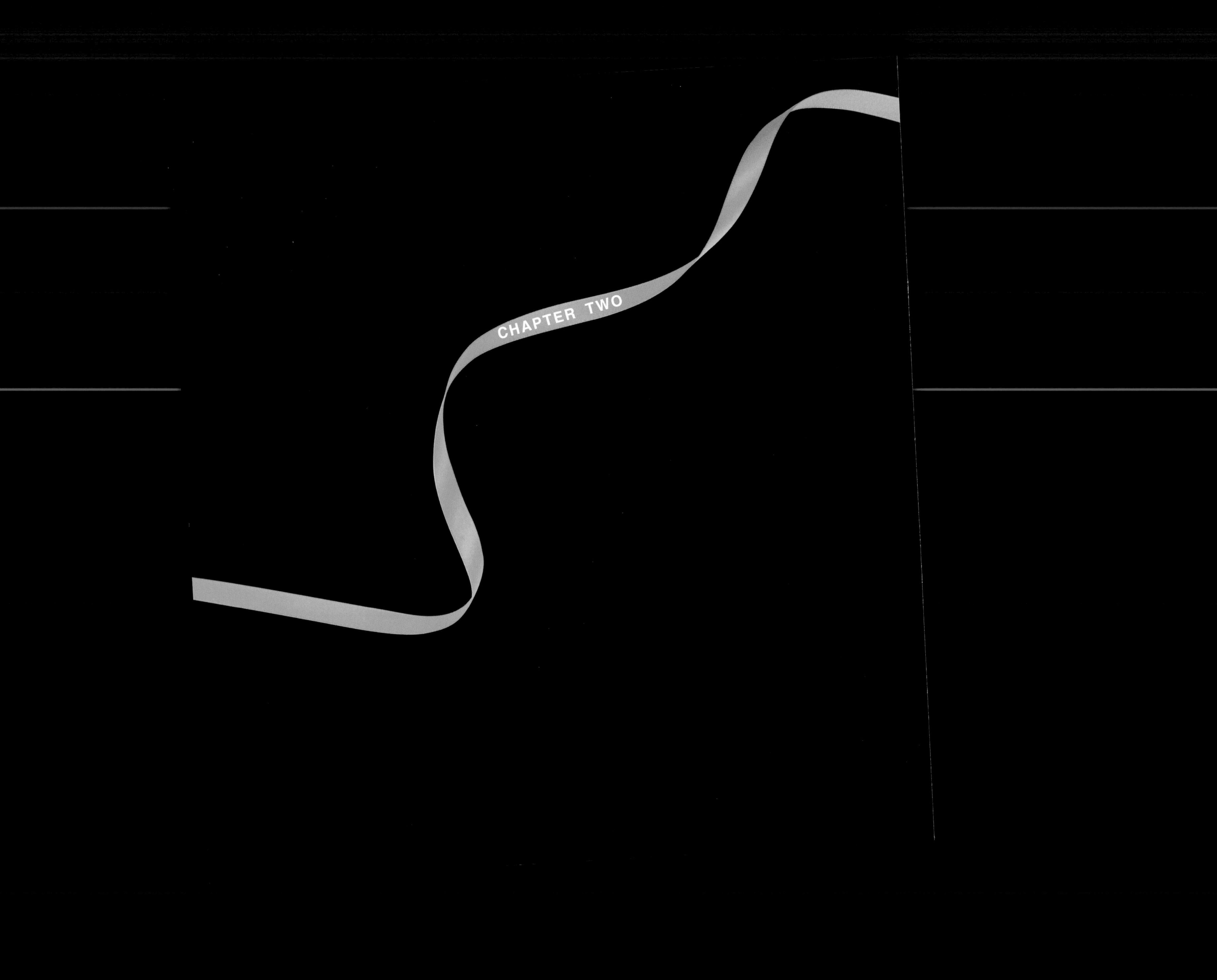
CHAPTER TWO

Nephrite

軟 玉

和闐白玉原礦

Nephrite

軟 玉

產地：台灣、韓國、中國青海、
中國新疆、俄羅斯等地。

- 礦物學名：軟玉
- 化學成份：$Ca_2(Mg,Fe)_5(Si_4O_{11})_2(OH)_2$
- 比重：2.90~3.20
- 摩氏硬度：6~6.5
- 結晶構造：聚合體
- 折射率：1.600~1.630

貔貅與老虎巧雕擺件

和闐玉錢鼠擺件

中國新疆塔克拉瑪干沙漠

軟玉的英文名稱為 Nephrite。軟玉是由閃石類礦物組成的集合體。細小的閃石礦物晶體呈纖維狀交織在一起構成緻密狀集合體，質地細膩，韌性好。軟玉主要產於中國新疆和闐，故歷史上又稱為和闐玉。中國是軟玉的著名產出國之一，又稱“和闐玉”或“新疆玉”。選購軟玉首先看玉質，最好的品種是羊脂白玉，堪稱為軟玉之王。色為白色，質地純淨、細膩、光澤滋潤，為和闐玉中的優質品種。軟玉從新石器時代就被用來作為器皿、裝飾的雕刻以及首飾。

中國新疆結冰的天山天池

白玉手鐲

左圖　筆者與新疆和闐的採玉人
右圖　在中國新疆，筆者正挖掘尋找和闐白玉中

白玉

白玉種按色、質分別命名分為羊脂白、梨花白、雪花白、象牙白、魚肚白、魚骨白、糙米白、雞骨白等多個品種，其中以呈羊脂白色（狀如凝脂者）為最好。中國古代很多玉器珍品，均為羊脂玉所製。

青白玉

是指介於白玉與青玉之間，呈灰白色或帶有淡淡的灰綠色調的白玉，似白非白，似青非青，主體通常仍呈白色。淡青、青綠、灰白的均稱青玉，其顏色勻淨、質地細膩，呈油脂狀光澤，是主要的開採製作主要品種。青白玉顏色傳統的形象描述為青白、綠白。 玉種按色、質分別命名為青白玉、綠白玉。

黃糖玉

黃玉與白玉形成過渡。 黃色的形成主要是透閃石—陽起石中二價鐵，分解為穩定的黃色三氧化二鐵，長期浸潤所致。顏色勻和，屬岩石次生變化現象。基質為白玉，因長期受地表水中氧化鐵滲濾在縫隙中形成黃色調。在清代，由於黃玉為「皇」諧音，又極稀少，一度經濟價值超過羊脂白玉。黃玉顏色傳統的形象描述為梨黃、栗黃、蜜蠟黃、小米黃、蛋黃、葵黃、菊黃。色度濃重的蜜蠟黃、栗色黃極罕見，其經濟價值可抵羊脂白玉。玉種按色、質分別命名為梨黃玉、栗黃玉、 蜜蠟黃玉、小米黃玉、蛋黃玉、葵黃玉、菊黃玉。

墨玉

黑色的形成主要系接觸變質時期生成的石墨著色，顏色的深淺與石墨含量變化有關，屬岩石蝕變現象。墨玉多為灰白或灰墨色玉中夾黑色斑紋，依形命名為烏雲片、淡墨光、金貂須、美人鬢等。黑色斑濃重密集的稱純漆墨，價值高於其他墨玉品種。墨玉呈蠟狀光澤，因顏色不均不宜雕琢紋飾，多用以製成鑲嵌金銀絲的器皿。玉種按色、質分別命名為烏雲片墨玉、淡墨光墨玉、美人鬢墨玉、金貂須墨玉、漆黑墨玉。

金玉雕花和闐玉印墜

紅糖玉

糖玉與白玉、青玉、青白玉形成過渡。 紅褐色的形成主要是外來的三氧化二鐵，長期浸潤所致，透閃石—陽起石中二價鐵分解也是因素之一，顏色局部勻和，亦有深淺變化。氧化鐵滲入透閃石形成深淺不同的紅色皮殼，深紅色稱「紅糖玉」、「虎皮玉」，白色略帶粉紅的稱「粉玉」。糖玉常與白玉或素玉構成雙色玉料，可製作玉器。

碧玉

產於準噶爾玉礦，又稱天山碧玉。呈灰綠、深綠、墨綠色，以顏色純正的墨綠色為上品。夾有黑斑、黑點或玉筋的質量差一檔。碧玉含透閃石 85% 以上，質地細膩，半透明，呈油脂光澤，為中檔玉石。台灣玉、俄羅斯碧玉與加拿大碧玉與新疆碧玉十分相似，要分辨其來源非常困難，可用其比重及內涵物的多寡來區分。

中國新疆和田玉龍溪畔採玉人

玉料開採分類

山料

採集於原生軟玉礦山，礦脈一般均分佈在雪線以上，各種玉料均有，羊脂玉僅部分產出，脈體邊緣逐漸過渡過為大理岩。

山流水料

距原生軟玉礦體不遠的溝股之中，有冰磧、殘坡磧、洪水屯磧，外形角礫狀，塊度大小不一。

仔料

形成於河流中的砂礫礦床。由於地質構造作用、風化作用、搬運作用的影響，原生軟玉礦體破碎解體、磨蝕。留下圓滑卵石狀的玉石，與礫石共存，分佈在河漫灘及古河床階地中。

由五種因素確定，質地、顏色、光澤、塊度、玉料具備下列描述要求的為佳品。

1、質地：緻密細膩、微透明到半透明，無雜質為佳。
2、顏色：純正、均勻、潔白為佳。
3、光澤：油潤、油脂光澤為佳。
4、塊度：大為佳。
5、玉料：仔料為佳。

中國新疆和田玉交易中心

戈壁料

是在高山上的原生礦，掉落溪谷或是沙漠當中，由河水或是風沙，長期風化所形成。常見墨綠、黑及褐色。

全球軟玉產地細分類別

台灣玉：俗稱碧玉，是軟玉的一種，多呈綠色纖微狀，且帶黑點。

韓國玉：多偏青色，且呈現蠟質光澤。

青海玉：常帶水線，且質地較透明。

俄羅斯玉：色白偏牛奶色，且常帶糖色及皮蛋青（俄羅斯也有產綠色軟玉）。

和闐玉：色彩多樣，山料、山水流、子料為常出產型態，碧玉、戈壁玉常見其中，又以羊脂白玉帶皮子料為上上之選。

加拿大軟玉：呈現綠色，和台灣玉相似。

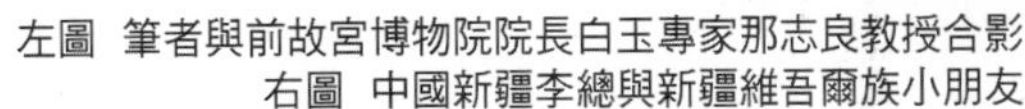

左圖　筆者與前故宮博物院院長白玉專家那志良教授合影
右圖　中國新疆李總與新疆維吾爾族小朋友

CHAPTER TWO

墨西哥火蛋白石原礦

蛋 白 石

Opal

蛋白石

產地：澳洲、墨西哥、巴西、宏都拉斯、匈牙利、日本、新西蘭、美國。

- 礦物學名：蛋白石
- 化學成份：SiO_2、nH_2O
- 比重：1.98~2.20
- 摩氏硬度：5~6
- 結晶構造：非結晶形
- 折射率：1.440~1.460

墨西哥市區街景

1. 澳洲黑蛋白原礦 2. 祕魯藍蛋白原礦 3. 墨西哥火蛋白原礦

1

2

3

心懷感激 歷劫歸來的！
危險的墨西哥蛋白礦區旅程 Mexico

從辦理墨西哥的簽證難度，就知道這是一個沒制度的國家。在台灣的辦事處除了規定要本人親辦之外，一星期只上班幾天，一天只有三小時，還要在一個小小的辦公室等待許久，最後告訴我缺了某樣文件，無法辦理。一來是氣憤，二來是時間緊迫。於是我決定到美國轉機時再辦。到洛杉磯的墨西哥大使館看到的景象令我詫異，所有人像難民一樣，搖晃著鐵欄杆，等待著進入大使館。我很規矩的排著隊，好不容易輪到我時，大使館的工作人員大手一揮："You go to the end of the line" 要我從最後排起。我終於知道為什麼大家像難民一樣。而我也要像難民一樣的乞求，才終於進入大使館，得到了簽證。

由洛杉磯轉機到 Guadalahala，再搭車到 Magalena，歷經一番折騰，終於抵達墨西哥著名的蛋白石產區。遙遠的路途一路顛簸，到達下榻的地方已經是晚上了。飯店沒有熱水，沒有冷氣，臭氣熏天外，蚊子更是擾人。天一亮才發現飯店的名字就叫 OPALU HOTEL(蛋白石飯店)，非常有趣。

因為礦區靠近游擊隊區域，開車到礦區大概又是顛簸了二小時，一路上都是 Taquila 仙人掌植物。沙漠地形，土壤貧脊。但是地下的玄武岩卻蘊藏豐富的火蛋白 (Fire Opal)。礦主身上帶了各式的禮物，經過各個地方都得送禮送錢打點。才能抵達礦區。

火蛋白礦區非常大。一不小心就可能被崩落的沙土掩埋。挖土機不停的工作，挖掘砂土並放在卡車上，數部卡車不停的來回穿梭，把礦石運到溪邊挑選，溪邊一組組工作人員再將這些砂土用水淘洗。待砂土隨水流走，再從網子上留下的顆粒中尋找蛋白石的蹤跡。全世界名聞遐邇的火蛋白就是這樣一顆一顆收集而來。待回到台灣看到的新聞更

MAGALENA 火蛋白石礦區 (Mexico)

礦工們正從碎石堆中尋找蛋白石

是覺得墨西哥的荒謬：在我飛去墨西哥之前，墨西哥市的警察局被歹徒炸毀，警察局長殉職。當我從墨西哥飛回台灣時，沒想到代理局長職務的副局長儘管已經隱藏新的辦公位置，還被暗殺。真是個無法無天的地方。不過墨西哥還是有讓我很感動的地方。當我要從墨西哥市搭機離開時，沒想到航空公司說我的票要罰款一百美金才能使用。那時我已花光身上盤纏，一毛不剩，航空公司不接受刷卡，中華民國駐墨西哥的辦事處電話居然是一個不會講中文也不會講英文的墨西哥人接的，在我求助無門的狀況下，沒想到後面有人用中文問我 " 你需要幫忙嗎 ?" 回頭一看居然是一位會說中文的墨西哥人，在中國經商，所以常往來兩地。我感動的無以言喻。當我想到要淪落在這個不安全的地方時，卻有這位天使來幫我渡過難關，實在是太幸運了。我問他的地址，要將錢寄還給他。他卻堅持不用。所以在此藉用篇幅，感謝這位恩人。

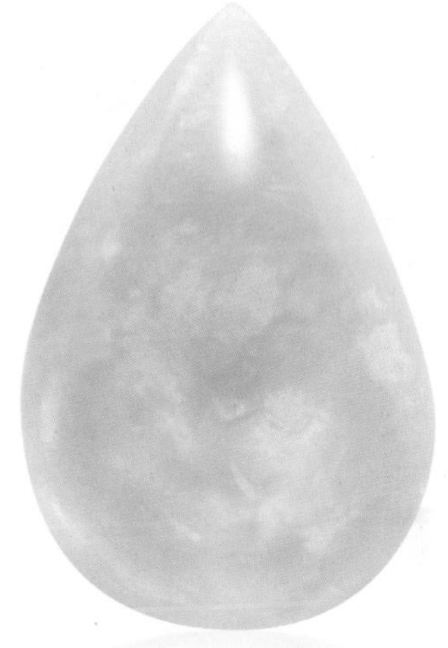

蛋白石裸石 50.48 克拉

高檔品質的衣索匹亞火蛋白石
襯在黑紙上更能突顯火蛋白石的耀眼遊彩

1. 衣索匹亞 Wello Opal 蛋白石　2. 依索匹亞的亞特蘭大蛋白石 (顏色偏橘)　3. 祕魯粉紅蛋白

1

2

貧瘠之地
卻蘊藏著色彩豐富迷人的
衣索匹亞蛋白石 Eethiopian opal

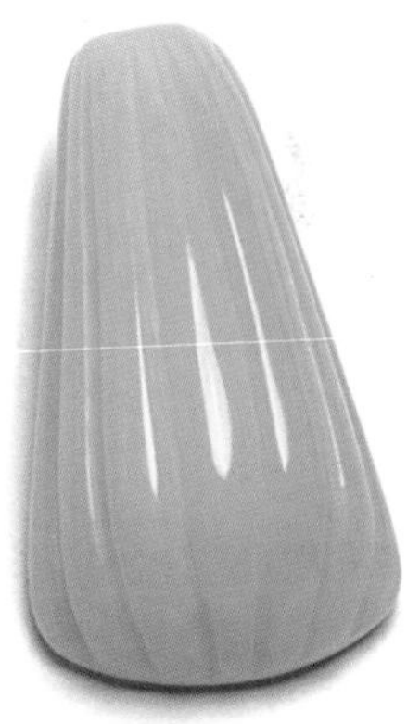

3

衣索匹亞蛋白石是形成於距今約三千萬年前的中新世到漸新世，火山熔岩凝結而成。1993 年在肯亞首都奈洛比第一次看到它的蹤跡，但是在市場上一直到 2007 年的法國礦物展及 2009 年的美國吐桑展才見到量化生產。位於依索匹亞首都阿迪斯阿貝巴北方一百到二百公里處，Mezezo Opal 及 Wello Opal 和 Atlanta 是著名的礦。

它的礦石與其它產地的蛋白石相比一般來說比較大，火彩也很漂亮，從黃色橘色到各種顏色的火光都有可能。

色彩豐富迷人，遊彩細膩誘人，讓衣索匹亞成為一個非常重要的蛋白石產地，甚至幾乎取代了市面上澳洲及墨西哥的蛋白石。衣索匹亞蛋白石中常見有蜂窩狀的方格子，所以乍看之下會讓人懷疑是人工蛋白石。不過這卻是衣索匹亞蛋白石的特色之一。

經研究數據，Wello Opal 的質地比較穩定，不易產生變化，光彩豐富，品質良好，較為市場喜好。但 Mezezo Opal 有些蛋白石的結構較不完整，而且最好找有信譽的商家，才有保障。

蛋白石墜

火蛋白熱帶魚別針兩用墜

天鵝蛋白石墜

自己動手
享受當礦工的樂趣
美國史班塞蛋白石

蛋白石三朵花墜

在美國的西北部，有一大片火山地質，造就了黃石公園豐富的自然景觀，也是史班塞蛋白石(Spencer Opal)礦脈形成的主要原因。

1948 年，兩個印地安人於獵鹿時無意中在史班塞鎮發現了蛋白石。他的礦脈位於 Snake 河沖積平原的北緣。目前 Spencer 蛋白石有三個礦區，分別是 Spencer Mine、Opal Mountain、Jeppessen， 其中只有 Spencer Mine 對外開放。你可以在礦主的

冬天的 Opal Mountain USA 礦區

蛋白石墜 蛋白石 4 顆 共 8.79 克拉
蛋白石設計戒 蛋白石 3 顆 共 8.68 克拉

筆者在美國 Idoho 蛋白石礦區

簡介和協助之下，自己開採，入場的費用是每人美金 20 元，開採的蛋白石以重量計價，但最多帶五磅。雖然可以開車進礦區，但是路況不佳，最好開吉普車或是四輪驅動的車子。如果想要自己動手開採，採礦工具可別忘了帶，特別是要帶噴霧器，用噴霧器噴水在石頭上，才容易看出蛋白石的火光。Spencer Mine 是由 Mark Steler 家族買下、開採，並對外開放。因為靠近黃石公園，再加上政府的宣導，使得這個人煙稀少的小鎮，因出產蛋白石而漸漸出名。

澳洲蛋白石 Australia

當地的原住民稱蛋白石為彩虹石，絢爛出七彩的遊彩、虹光，非常美麗。主要礦區分部在東部 New South Wales，若從首都悉尼出發，皆可到達北方各個礦區，Lightning Ridge、White Cliffs 與 Tintenbar Area 等。 Lightning Ridge 更是澳洲蛋白石產業重要的發源地。澳洲在西元 1880 年首次發現了蛋白石，就是在 Lightning Ridge 的礦區。除了有豐富的礦藏以外，也有百年多的礦坑活動紀錄，當地還特地設置了一些保留區域作為人文活動的歷史紀錄。自 1995 年被稱為世界蛋白石首都（The Opal Capital Of The World ）的美譽，擠下南澳另一處產蛋白石享有盛名的 Coober Pedy，成為礦脈與切割的中心。

上圖 澳洲黑蛋白熱帶魚胸墜兩用
右圖 墨西哥火蛋白耳環

CHAPTER TWO

Peridot

橄 欖 石

橄欖石原礦

Peridot

橄 欖 石

產地：斯里蘭卡、中國、巴基斯坦、美國、巴西、緬甸、台灣澎湖。

- 礦物學名：橄欖石
- 化學成份：$(Mg,Fe)_2SiO_4$
- 比重：3.27~3.48
- 摩氏硬度：6.5~7
- 結晶構造：斜方晶系
- 折射率：1.654~1.690（雙折射性）

澎湖橄欖石岩層

橄欖石裸石 97.37 克拉

巴基斯坦橄欖石裸石一盒 12 顆

橄欖石沙弗萊墜 14.43 克拉

橄欖石在礦物學名稱為 Olivine，寶石學上稱為 Peridot。橄欖石大約是在 3500 年以前，於古埃及領土聖約翰島發現的。橄欖石是十字軍的護身石，主要的產地為斯里蘭卡、美國、巴西、緬甸、台灣澎湖。

由於橄欖石的顏色柔和悅目，油脂般的水頭光澤，給人們心情舒坦和幸福的感覺，故常被譽為「幸福之石」。這幸福之石，近年來也逐漸在珠寶界發光發熱，尤其與其他寶石相搭配時，常會有令人驚艷的光采出現，因此非常深受時尚專家的喜愛與運用。

台灣澎湖橄欖石原礦 (Taiwan Peridot)

橄欖石沙弗萊戒 9.53 克拉

大部分的橄欖石淨度很高，顏色濃豔的少。
橄欖綠色調為其特色，從黃綠至深綠。
古埃及人很推崇橄欖石，深受法老的喜愛。
相傳橄欖石可趕走深夜的恐懼，帶來希望和光明。

巴基斯坦橄欖石原礦 (Pakistan Peridot)

橄欖石岩層

CHAPTER TWO

Prehnite

葡 萄 石

葡萄石原礦

Prehnite

葡 萄 石

產地：美國、印度、澳洲、印度、英國、南非、加拿大、法國、蘇格蘭、德國、葡萄牙、奧地利、瑞士、義大利、南斯拉夫、巴基斯坦、俄羅斯、納米比亞、馬利共和國。

- 礦物學名：葡萄石
- 化學成份：$Ca_2Al_2Si_3O_{10}(OH)_2$
- 摩氏硬度：6~6.5
- 比重：2.87~2.95
- 結晶構造：斜方晶系
- 折 射 率：1.616-1.649

葡萄石沙弗戒 葡萄石 4 顆 共 13.533 克拉
葡萄石沙弗墜 葡萄石 4 顆 共 13.476 克拉

葡萄石，其名 Prehnite 來自 18 世紀晚期，由派駐非洲好望角的礦物學家兼荷蘭陸軍上校 Hendrik von Prehn，他是發現葡萄石並將其引進歐洲的第一人。且因礦物晶體集合型體呈腎狀、葡萄等塊狀，如同結實累累的葡萄般，故各國不約而同的以其命名。

葡萄石為矽酸鹽礦物，產於玄武質火山岩、侵入火成岩與變質岩層。通常出現在火成岩的空洞及鐘乳石上。礦物晶體的顏色由淺綠到灰之間、而白、紅、黃色皆有，最常見的為綠色。而少數的黃色葡萄石因內部纖維，打磨過後會顯現出罕見的貓眼效果，極為難得。

優良的葡萄石潔淨無雜質通透飽滿，產生的螢光也十分美麗。但品質好的葡萄石至今已不多見，

葡萄石耳環 葡萄石 8 克拉
葡萄石沙弗戒 葡萄石 3 顆 共 8.84 克拉

由於中國市場非常喜愛葡萄石，再加上優良的葡萄石近年來多已被珠寶公司收購，曝光度不斷提升，預料未來價格將扶搖直上，Dior、Cartier、Tiffany、BVLGARI 等知名品牌都推出高單價葡萄石設計作品，擠身高級珠寶行列。

葡萄石設計墜 葡萄石 3 顆 共 9 克拉

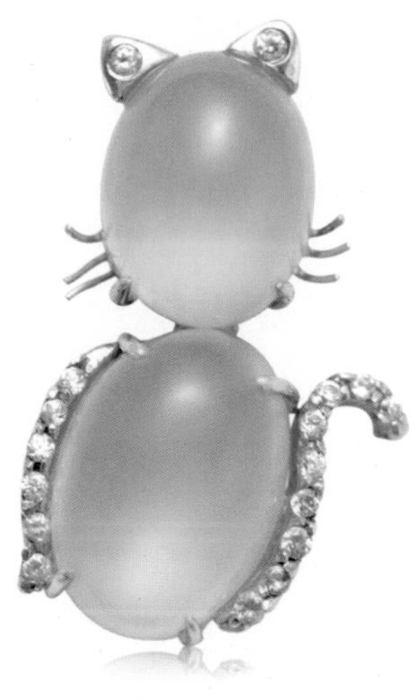

澳洲黃金葡萄石墜

時尚黃金葡萄石墜

葡萄石是由火山區地熱活動所形成的，黃金葡萄石主產於澳洲；綠色葡萄石則多產自於非洲馬利共和國及納米比亞。中國也有些許葡萄石出產，但雜質多。

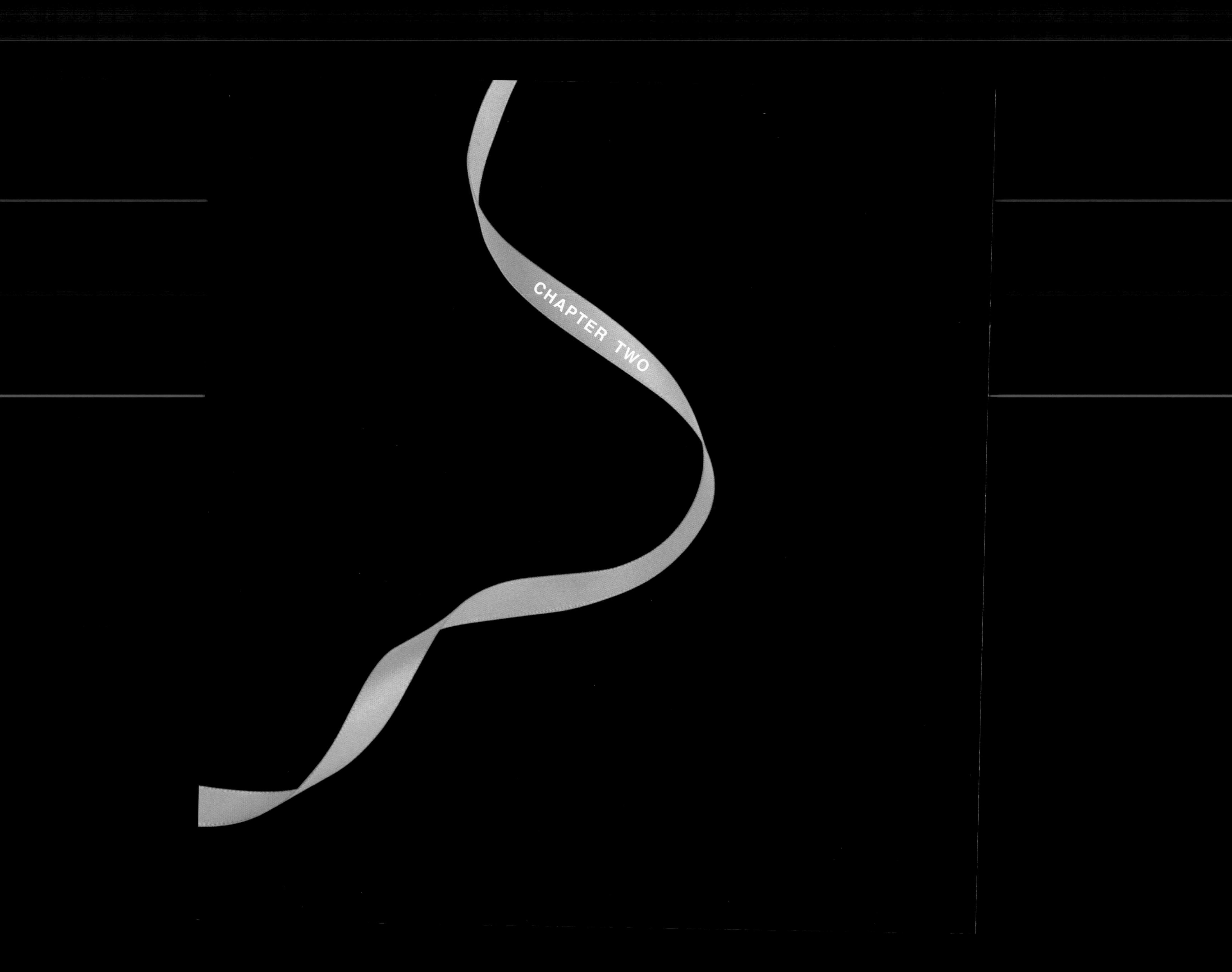
CHAPTER TWO

Quartz

水　晶

Quartz

水　晶

產地：巴西、非洲、美國、馬達加斯加、中國、烏拉圭、波利維亞、墨西哥、韓國及烏干達等眾多地方。

星光粉晶戒 10.37 克拉

- 礦物學名：石英
- 化學成份：SiO_2
- 比 重：2.6
- 摩氏硬度：7
- 結晶構造：六方晶系
- 折射率： 1.54~1.55

巴西鈦晶礦區

中國東海水晶礦
(China quartz mine)

水晶 Quartz，礦物學名為“石英”。水晶屬於結晶良好的單晶石英，最主要的成份就是「二氧化矽」，而矽也是佔地球地殼組成成份約 65% 以上的最主要礦物；其中含有各種微量的金屬，所以會造成各種不同顏色的水晶；而水晶也會廣泛的和自然界中的各種礦物「共生」在一起，如雲母、長石、方解石、電氣石、金紅石、花崗岩等等。在地球的地質生成時代生成，因為地殼上的“無水矽酸”經地面上的高溫高壓，使其中的二氧化矽成份含量達到超飽和狀態，在冷卻後逐漸附著在附近的岩石而結晶。如糖水超過飽和度，就會在棉線上結成糖精一般。水晶洞的形成，則是因為當無水矽酸超飽和溶液注入土壤之間的空洞內，形成一個內含氣泡的物體，冷卻結晶後，即形成中空的水晶洞。當水晶還是在液態狀的時候，常常也會包覆著其他的礦石、泥灰一起結晶成長，如金紅石（形成髮晶）、火山泥灰（形成幻影水晶）等等。天然水晶原石完成結晶的過程至少需要八千到一億二千萬年以上，有些甚至長達百萬至億萬年。我們所熟知的玉髓、瑪瑙、水晶都具有相同的成分，只是其內部結晶形式不同而已。具有良好的柱狀單晶外型(顯晶質)稱為水晶，微晶質(隱晶質)則稱為玉髓或瑪瑙，而玉髓與瑪瑙的區別，在於玉髓呈現半透明的蠟狀光澤，結晶較小，經琢磨後外觀亦十分迷人，甚至會放光，色澤特殊或透明度較好。瑪瑙則是不透明且顏色具有像樹木的年輪般的明顯分層，塊頭大量多。

上圖 巴西 Minas 州出產的紫水晶原礦 不同於南部 Soledade 所產的紫水晶

下圖 馬達加斯加 (Madagascar) 當地的寶石商人

顯晶質水晶：

白水晶 White Crystal：
白水晶由於顏色透明純淨，被視為佛教七寶之一，因此常被製作成佛珠或其他的佛像雕刻製品。

黃水晶 Citrine：
天然黃水晶產量比紫水晶少，因此一般市面上的黃水晶，大都是以紫水晶經過加溫處理而成。

上圖 巴西最大水晶礦主 Mr.Malecio
右圖 黃水晶墜
下圖 與巴西 Soledade 市長及水晶公主合照

1. 日以繼夜挖掘的辛苦烏拉圭礦工們
2. 墨西哥挑選黑曜石原礦 (Mexico Obsidian)
3. 烏拉圭晶洞礦區 (Artigas, Uruguay)

紫水晶 Amethyst：
紫水晶顏色高貴美麗，是因其成分中含有微量的鐵元素，而氧化鐵使其顏色變為紫色。

粉水晶 Rose Quartz：
含有微量的錳元素則會使水晶呈現粉紅色。

鈦晶 Rutilated Quartz：
鈦晶是因為包含有針狀的金紅石或髮狀的礦物包裹體。巴西政府列鈦晶為國寶，限制開採與出口，是具有收藏價值的寶石。

髮晶 Rutilated Quartz / Hair Quartz：
水晶中含有針狀或髮狀的共生物質，因雜質不同所產生的多樣色彩。

1

2

3

粉晶戒 14.75 克拉

煙水晶 Smoky Quartz：
含有碳元素成份。

綠幽靈水晶：
是因為在形成水晶的過程中包覆了綠色火山泥灰或其他的雜質內含物，因此在通透的白水晶裡，浮現了如雲霧、山水等等的天然異象。

上圖 筆者深入地下數百公尺的加拿大藍玉髓礦區 (Canada mine)
下圖 筆者親到美國藍玉髓礦區挖掘 (Flagstaff arizona)

隱晶質水晶

玉髓 Chalcedony：
玉髓是一種礦物與寶石的統稱，常與玉混淆，兩者為完全不同的寶石。外表有點相像，但仔細觀察其細部質地，可看出玉髓類較平滑，而玉較有其它礦石相雜的紋理。顏色多樣有白、紅、黃、褐、綠色等多種顏色，藍玉髓 (台灣藍寶) 與紫玉髓是最受到歡迎，價格也最高。

家族特色寶石：

綠玉髓 Chrysoprase：
祖母綠中含有鉻，所以呈現漂亮的綠色；而綠玉髓的綠色則是因為含有鎳，而產生美麗的綠色，一開始主要產在澳洲，因此又稱為澳洲玉。綠玉髓的顏色碧綠帶水頭，也因此而易與翡翠混淆。

瑪瑙 Agate：

瑪瑙是由水晶的隱晶質體所組成，與玉髓的差別在於不透明且帶有美麗的環狀色帶，常與各種水晶晶簇共生。在墨西哥及美國亞利桑納州中，有著一種特別的瑪瑙，閃耀著美麗虹光，稱之為火瑪瑙 Fire Agate。主要是因為它內含了氧化鐵，而產生了如蛋白石遊彩效應般的彩虹色火光，十分美麗。

耀英石 Aventurine：

最早產於印度，故又名印度玉，一般俗稱東陵玉。石英岩內部含有綠色或紅褐色的雲母細片，會產生砂金般現象。值得注意的是它並不是我們常說的玉 (翡翠)，而是飽含綠色雲母碎片的水晶。

虎眼石 Tiger's eye：

虎眼石是青石棉被二氧化矽置換後所形成的礦物，是具有貓眼效果的寶石，多呈黃棕色。寶石內帶有仿絲質的光紋，這是由於原本青石棉的纖維質是以規則的形狀排列，被置換後，虎眼石呈現了特別的光彩效應，但是其眼線以條塊整塊區域呈現光彩，不似貓眼石光亮而細直。

上圖 烏拉圭瑪瑙礦區在平原五公尺下的黃土層挖掘 (Uruguay agate mine)
中圖 筆者於巴西瑪瑙礦區挑選瑪瑙原礦
下圖 巴西東菱玉礦區開採 (Brazil mine)

亞利桑那州的木化石公園 (Arizona State, Petrified Forest National Park) 管理員三申五令說不能撿拾園內的木化石。因為這是要留給大眾觀賞的資產，留在園區讓全世界的人都有機會看得到。

亞利桑那州的木化石

矽化木 Petrified wood：

顧名思義就是埋藏在地底下的樹木，經過矽化過程，被二氧化矽的成份置換，形成了外表紋路像木頭，但內部已完全石質化的雅石，又稱木化石。矽化木的顏色就是原本木材的顏色，較常見的有米色與深棕色相雜者，其中產自美國的木化石，色彩最為繽紛美麗。

右圖 由粉晶、紫水晶、白水晶、東菱玉、石榴石等設計而成的美麗作品。
下圖 巴西鈦晶礦區挖掘

探訪**巴西鈦晶礦區**
Rutilated quartz, Brazil

路途遙遠險惡 困難重重

經過長時間的飛行、數次轉機，花了將近兩天的時間才到達聖保羅。而從聖保羅前往 Belo，再飛往 Verladalis，至此馬拉松般的航程暫止，鈦晶探訪旅程才正式開始。

一下陸地，迎面而來的的見面禮，竟是顛簸崎嶇的公路。巴西路況的惡劣程度，約落後台灣有四十年之久！一路上盡是坑坑洞洞的柏油路面、

鈦晶男戒

上圖 巴西當地物資缺乏，只能以簡單工具辛苦開採鈦晶
下圖 巴西礦區

左圖 粉晶戒 14.75 克拉
右圖 紫水晶耳環 2 顆 共 11.77 克拉

巴西北部 筆者深入鈦晶礦區 (Nova Horizon, Brazil)

或陽春泥濘的泥巴過道，無路可走的狀況更是層出不窮。待最終到達礦區邊上的小鎮時，算一算已經離開台灣有四天的時間。費盡了千辛萬苦，終於來到名聞遐邇的鈦晶城— Nova Horizon。

挖掘緩慢 取之不易

Nova 為巴西北部一小山城，因出產鈦晶而聞名全球。當地礦工約兩千餘名，日以繼夜挖掘鈦晶，十分艱辛。光由地表挖掘至礦脈，就需要二十至六十天的時間；而從主坑道再延續挖掘拓深至副坑道，更會持續到三四個月之久。但鈦晶稀有珍貴，原礦採集不易。若非親眼所見，你不會相信兩千多個礦工的艱辛挖掘，居然有八成是一無所獲！筆者到 Nova 參訪超過 10 個礦井，礦工們大多徒勞無功。其中有位投資了二十萬美金的礦主，安排挖掘了八個月，仍挖不出任何原礦。據當地的礦工及礦主說，近半年來，Nova Horizon 質地料好的鈦晶原礦是少之又少，資源可遇不可求。

巴西鈦晶礦區
(全世界鈦晶只在巴西 Brazil 北部 Novo Horizon 這的地方發現。)

交易熱絡 大肆採購

山頭上雖物質條件低劣，卻群集了來自世界各地買主的殷切等候。鈦晶珍稀，在國際市場上一年比一年受歡迎，經濟實力崛起的中國富豪對鈦晶收藏更是趨之若鶩。只要料好質精，則無懼價高，於是中國人便長期在山頭上守候，難怪大家都說全世界最吃苦耐勞的就是中國人了。僅靠一箱泡麵，對葡文一竅不通的中國人竟然可以在此住上三個月，只為了在第一時間買到最好的鈦晶，可謂癡狂。

在Nova Horizon，有足夠的勇氣、毅力、現金、功力以及眼光，是絕對不可能成功的。看錯貨、買錯貨、一虧幾百萬美金的大有人在。但鈦晶的風靡之浪前仆後繼，在這樣的狀況下，價格不斷飆升。畢竟，有誰會知道哪一天會連挖都挖不到呢？

極品鈦晶墜

筆者與當地鈦晶礦主檢視剛挖出的高檔鈦晶原礦

後記

這一路上雖然辛苦，但又覺得慶幸。聽說我們到達的前一天才有人在路上遭搶，或許歹徒正在享受戰利品，我們才能安然過關。旅途有幸，在探訪中也看到當地礦主的最大一塊鈦晶原料出土，這即有可能是全世界最大的鈦晶原礦。

上圖 紫水晶設計墜 41.49 克拉
右圖 粉晶戒 10 克拉

左圖 紫玉髓戒 8 克拉
下圖 海之神紫晶戒 11.51 克拉

產自斯里蘭卡的不透明紫水晶

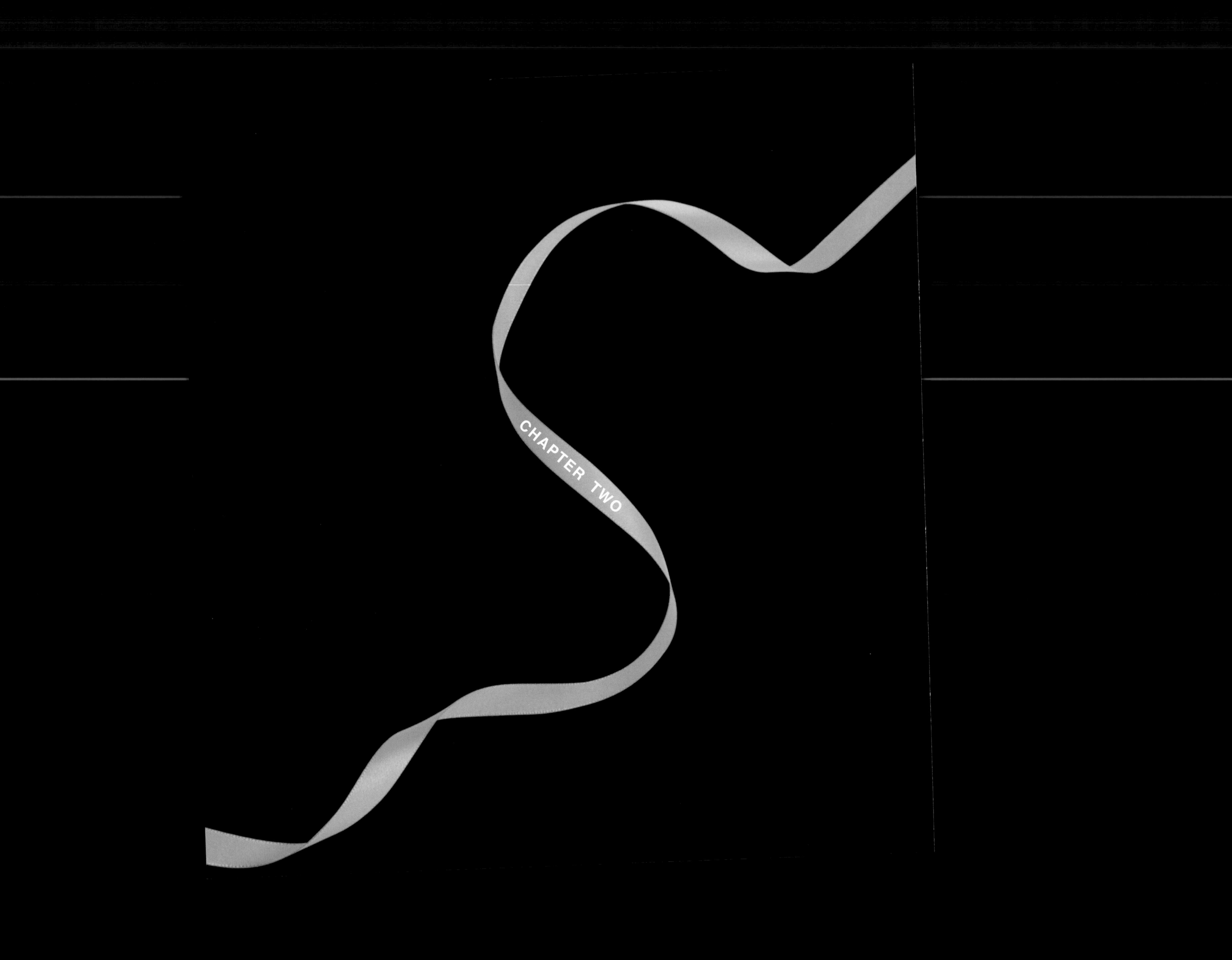
CHAPTER TWO

Spinel

尖 晶 石

挖掘於坦尚尼亞中部 mahenge 的尖晶石原礦

Spinel

尖 晶 石

產地：馬達加斯加、斯里蘭卡、巴基斯坦、泰國、阿富汗、緬甸、塔吉克斯坦、坦尚尼亞、越南、蘇俄。

- 礦物學名：尖晶石
- 化學成份：$MgAl_2O_4$
- 比重：3.58~ 3.70
- 摩氏硬度：8
- 結晶構造：等軸晶系
- 折 射 率：1.710~1.735

在緬甸所挖掘出的尖晶石原礦
(Burma spinel)

紅尖晶戒 14.10 克拉 GRS

尖晶石的英文名稱 Spinel，名稱的由來有兩種說法：一則源自希臘文 "Spark"，意思是 " 紅色或橘黃色的天然晶體 "。另一則源於拉丁文 "Spina" 意為 " 刺 "，指晶體上的尖端。尖晶石產於花崗和變質岩中，常與剛玉為共生礦物，其顏色繁多，其中以紅色的尖晶石最具代表性。紅尖晶石主要是含化學成份鉻所致，自古以來常與紅寶石混淆，兩者雖然非常相似，但是仍然可以從內、外觀上看出不同之處：紅寶石為六方晶系並具有雙折射性，內含物較多，顏色常會有不均勻的現象。而尖晶石是八面等軸晶係，單折性內部較紅寶石乾淨許多。目前世界上最具傳奇色彩的「鐵木爾紅寶石 Timur Ruby」和被鑲在英國國王王

藍色尖晶彩鑽戒 3.40 克拉 GRS(緬甸藍尖晶)

紅尖晶戒 4.09 克拉 GRS
(產於坦尚尼亞 Mahenge)

斯里蘭卡粉紅尖晶原礦

冠上的「黑色王子紅寶石 Black Prince's Ruby」，在 1850 年後才鑒定出是紅色尖晶石而非紅寶石。此外在我國清朝時期，大官頭頂上的烏紗帽所鑲崁的寶石也是使用紅色尖晶石，可見尖晶石的魅力深受喜愛自古由來。緬甸的尖晶石在市場上流通的很好，其中緬甸和越南也有產藍色尖晶石，非常稀有。坦尚尼亞的馬亨格 (Mahenge) 生產高品質的艷紅色尖晶石；而中亞塔克吉斯坦 (Tajikistan spinel) 也是優良尖晶石的產地之一，但顏色偏灰暗。

黑尖晶男戒

紅色尖晶裸石 4.92 克拉 (Pamir Mountains Spinel)

迷人的湛藍
越南尖晶石
Vietnamese spinel

大部分的人都知道越南與中國交界的地方有產紅寶石。但是只有少數人知道陸克彥 (Luc Yen) 有出產尖晶石。1980 年代中期開始開採，大多數是紅色及藍色。他們像緬甸，阿富汗，塔克吉斯坦與坦尚尼亞一樣，在大理石岩中開採出來。全球有許多尖晶石產地，也有許多種顏色。而越南有產一種非常迷人的藍色。是非常特殊的，就是含鈷藍尖晶。(Cobalt Spinel)2004 年在市面上第一次發現越南尖晶石鑲在高檔的珠寶作品上。2007 年曼谷的寶石交易市場上開始看到它的蹤跡。雖然湛藍色的尖晶石非常稀少，但是它有許多內含物，常見白雲石與磷灰石，並且原石長又扁。所以要切的好，是非常不容易的。Bai Son 這個地方據說有全世界最漂亮的含鈷藍尖晶。

1. 越南尖晶石 Vietnamese spinel
2. 坦尚尼亞 馬亨格 Mahenge 尖晶石礦

1

1. 塔吉克斯坦的粉紅尖晶 (Tajikistan spinel)
2. 紅尖晶 4.11 克拉 GIA　3. 紅尖晶 2.18 克拉 GIA
4. 紫色尖晶石 3.09 克拉

2

含鈷藍尖晶能擁有最高飽和度的藍色，它的藍中帶紫的顏色像極了沒燒的丹泉石一樣，非常美麗。越南尖晶石有些在黃光下會呈現紫色，在日光下呈現粉色，有變色效果。非常有趣，也是寶石收藏家的終極目標之一。

3

4

斯里蘭卡藍尖晶原礦 (Sri Lanka blue spinel)

藍尖晶戒 1.86 克拉
(越南水藍色尖晶)

藍尖晶石戒 (含鈷藍尖晶)

CHAPTER TWO

Spodumene

鋰 輝 石

孔賽石項鍊 設計手稿

Spodumene

鋰 輝 石

產地：巴西、馬達加斯加、緬甸、美國、加拿大、前蘇聯、墨西哥、瑞典。

- 礦物學名：鋰輝石
- 化學成份：$LiAl(Si_2O_6)$
- 比重：3.18
- 摩氏硬度：6.5~7
- 結晶構造：單斜晶系
- 折 射 率：1.660~1.676(雙折射性)

孔賽鑽戒 7.19 克拉

鋰輝石最常見的的英文名稱為 Spodumene，是希臘語「灰色」之意。是因為鋰灰石常見的礦石為黃灰色。礦藏富產於偉晶花崗岩脈中，常與綠柱石、電氣石、鉀長石、鈉長石、鋰雲母共生。鋰輝石礦石亦是提煉鋰的礦物原料之一。

鋰輝石有綠色、粉色、紫色等多種顏色，是一種具有相當獨特光澤的寶石，其色調層次豐富，非常美麗，在光線照射下，有晶瑩剔透的色澤美感。它擁有從不同方向觀賞時，會看到無色和兩種主體色的雙色性。

孔賽耳環 10.49 克拉

孔賽石墜

馬達加斯加所產的孔賽石

寶石級鋰輝石有二個重要的變種：

上圖 孔賽石耳環共 10.49 克拉
下圖 孔雀系列 孔賽石墜 45.76 克拉

紫鋰輝石或孔賽石（Kunzite）

呈現透明且粉紅至藍紫色。紫鋰輝石（Kunzite）之名，是由美國早期，相當著名的寶石礦物學家 George Frederick Kunz 之名而來。受錳離子而產生的色澤粉紅微帶點紫，而呈特殊的淡紫紅色，其色調在有色寶石中，是相當特殊而受喜愛的。

翠綠鋰輝石（Hiddenite）

顏色為深綠色且透明的鋰輝石，則稱為翠綠鋰輝石（Hiddenite）。翠綠鋰輝石（Hiddenite）之名由其發現者之名而來，其綠色來自鉻離子，較紫鋰輝石少見．鋰輝石系列具有相當強的解理，因此，較常將其做階式切割，以減少解理面的曝露・與其他有色寶石相同，鋰輝石的色彩越濃烈，其價格越高。

上圖 孔雀系列 孔賽石墜 46.12 克拉
下圖 孔賽石戒 30.67 克拉
右圖 綠鋰輝石 4.22 克拉

CHAPTER TWO

Taiwan blue chalcedony

台 灣 藍 寶

Taiwan blue chalcedony

台 灣 藍 寶

產地：加拿大、台灣、印尼、美國、
祕魯等地。

- 礦物學名：矽孔雀石
- 化學成份：SiO_2
- 比重：2.58~2.64
- 摩氏硬度：7
- 結晶構造：隱晶質集合體
- 折 射 率：1.539

台灣花蓮木瓜溪
(Taiwan Hualien papayariver)
產有玫瑰石

藍玉髓俗稱「台灣藍寶」，但並非真的藍寶石 (Sapphire)，通常呈現靛藍色，色澤較深且極為透明。台灣藍寶則具有獨特的海藍色，看起來色澤溫潤，半透明的質感看起來較接近玉石的溫潤感。玉髓即是隱晶質的石英。台灣藍寶，是臺灣所出產的藍玉髓與矽孔雀石的聚合體。產於台灣東部都蘭山及海岸山脈一帶。藍玉髓的產地並非只有台灣，但是台灣所產的藍玉髓有著獨特的海藍色並且色澤溫潤，質感看起來較接近玉石的溫潤感，因此將之稱為「台灣藍寶」。它主要的成份是二氧化矽，也是隱質水晶的一種，因為含有少量矽孔雀石中銅的成份，而形成了美麗高貴的海藍色澤，是臺灣目前所產寶石中價位最高的一種。

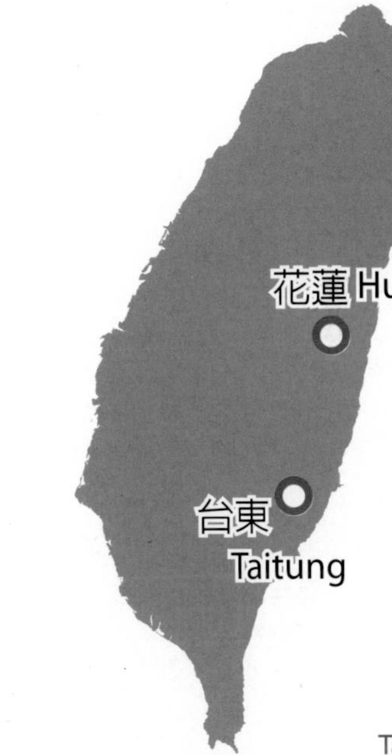

Taiwan map

台灣藍寶男戒 5.41 克

台東都蘭山台灣藍寶礦區 (Taiwan blue chalcedony)

玉髓的品質一般受到均勻度、亮度、透明度、硬度、顏色和雜質的影響。對藍玉髓而言，主要受到著色礦物矽孔雀石的性質、含量及分布等影響。藍玉髓顏色有深藍、淺藍或藍中帶黃等多種，其中以透明中度藍色帶黃綠色的價值最高。深藍色半透明的藍玉髓，常因光、熱或氧化的影響產生脫水作用，改變原來的顏色，一般而言，越透明的藍玉髓褪色或變色的機率越低。

台灣藍寶戒 1.15 克拉

花蓮白鮑溪台灣玉礦區撿拾原礦
(Taiwan nephrite mine)

CHAPTER TWO

Tourmaline

碧 璽

西瓜碧璽原礦

Tourmaline

碧 璽

產地：巴西、非洲、馬達加斯加、奈及利亞、莫三比克、剛果、阿富汗及中國的雲南、西藏均有出產。

特殊的Trapiche Tourmaline from Zambia

- 礦物學名：碧璽
- 化學成份：(Ca,K,Na)
  $(Al,Fe,Li,Mg,Mn)_3$
  $(Al,Cr,Fe,V)_6(Bo_3)_3$
  $Si_6O_{18}(OH,F)_4$
- 比重：3.00~3.26
- 摩氏硬度：7~7.5
- 結晶構造：六方晶系
- 折射率：1.624~1.644(雙折射性)

莫三比克碧璽和坦尚尼亞 Morogoro 碧璽原礦

紅碧璽裸石 7.54 克拉

炫目的**繽紛之石**

五顏六色的碧璽應該是這十年來最夯的寶石了。它有祖母綠的綠、紅寶石的紅、藍寶石的藍、甚至黃、橙、粉、雙色等等，若是細分，有上百種的顏色。史書上記載，1703 年丹麥的商人把它從錫蘭帶到歐洲市場，經過德國人的寶石工藝，讓它大放光彩。這十年由於中國市場的崛起，以及礦源不足的狀況下，價格飛漲 10 倍以上。

巴西的碧璽是礦工們在尋找祖母綠時無意間發現的。巴西的 Minas Gerais 州、 Bahia 州、 Rio De Janeiro 州和 Paraiba 州等地都出產碧璽。過去 40 年幾乎供應全世界百分之八十以上的高檔碧璽。包括紅碧璽，藍碧璽，及雙色碧璽 (俗稱西瓜碧璽)。

巴西碧璽礦區 (Brazil mine)

碧璽原礦粉晶鸚鵡雕件

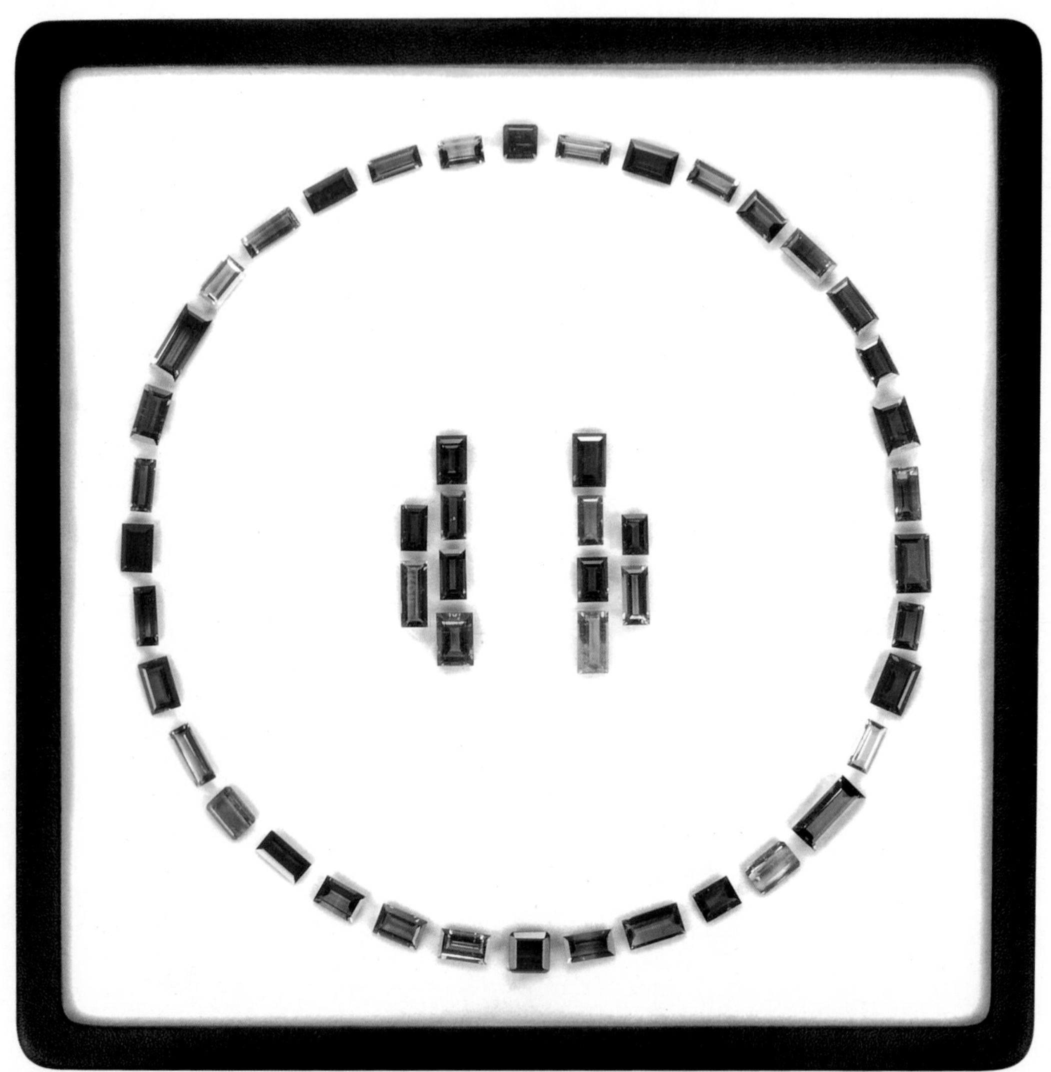

彩色碧璽一套

碧璽項鍊 設計圖

碧璽裸石 14 克拉

紅寶碧璽 29.93 克拉

美麗的**紅寶碧璽**

1997 年在巴西的 Doce 河畔發現艷紅色到粉紅色的碧璽，這種碧璽俗稱紅寶碧璽，它也是價格成長最快速的一種寶石。由於中國市場火熱，它的漲幅非常驚人，近幾年由於礦區逐漸枯竭，雖然預估還有 20 年的時間可開採，但發現的寶石數量愈來愈少，礦主們於是轉向非洲的馬達加斯加、坦尚尼亞、莫三比克等地找尋新的礦脈。

碧璽花型耳環 7.37 克拉

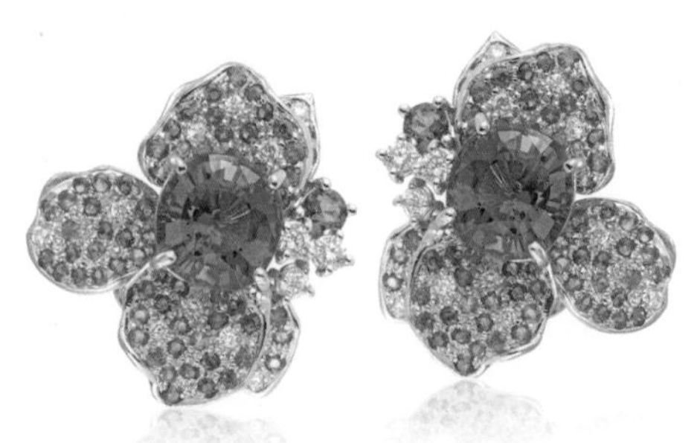

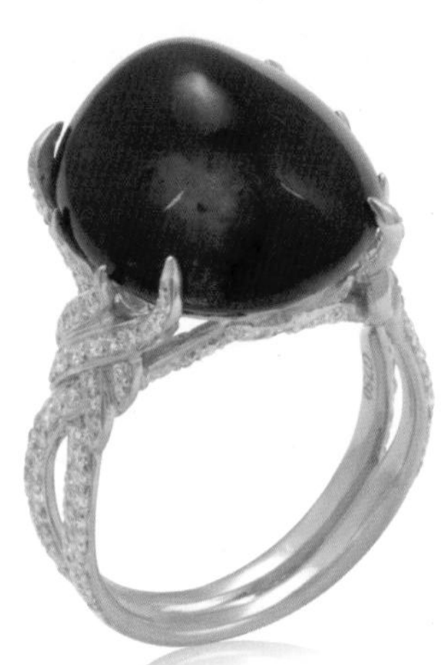

紅碧璽戒 16.55 克拉

紅寶碧璽墜

Emily

碧璽墜 設計圖

紅碧碧璽 152.74 克拉

紅寶碧璽戒 17.59 克拉

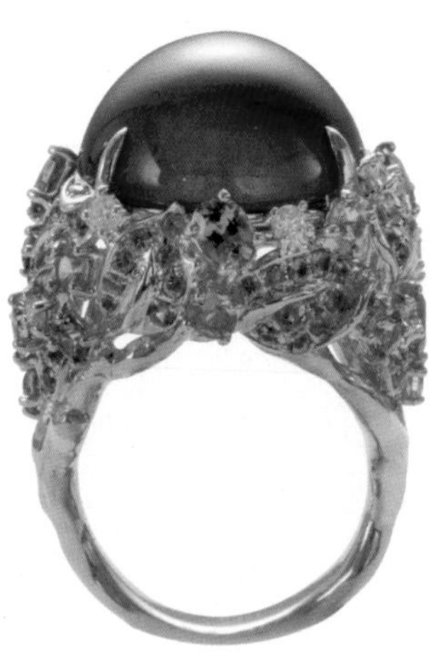

紅寶碧璽戒 23.17 克拉

碧璽花墜

珍貴的 Paraiba 碧璽

在 1989 年時，帶有藍色，綠色霓虹光的一種特殊碧璽在 Paraiba 州的 Salgadinho 被發現。這是目前全世界最稀有珍貴的 Paraiba 碧璽。學名為含銅的鋰電氣石。這個著名的 Betalha Mine 幾乎全被外國的礦業集團所控制。由於全世界只有當地有，產量甚少，而且此特殊顏色深受市場上歡迎。所以一直供不應求。在 1989 年至 1991 年幾乎把當地所發現的 Paraiba 挖光。現在據當地的礦主說，每個月僅有不到 100 公克的原礦出產。還好前幾年在非洲的奈及利亞及莫三比克也發現了這種含銅的鋰電氣石。市面上才又出現了含銅碧璽的蹤跡。

右圖 Paraiba 含銅碧璽戒 8.85 克拉 GRS
上圖 Paraiba 含銅碧璽孔雀耳環 2.35 克拉 / 2.91 克拉
下圖 紅寶碧璽戒 5.2 克拉

右圖 Paraiba 含銅碧璽墜 32.55 克拉 GIA
左圖 Paraiba 含銅藍碧璽墜 20.04 克拉

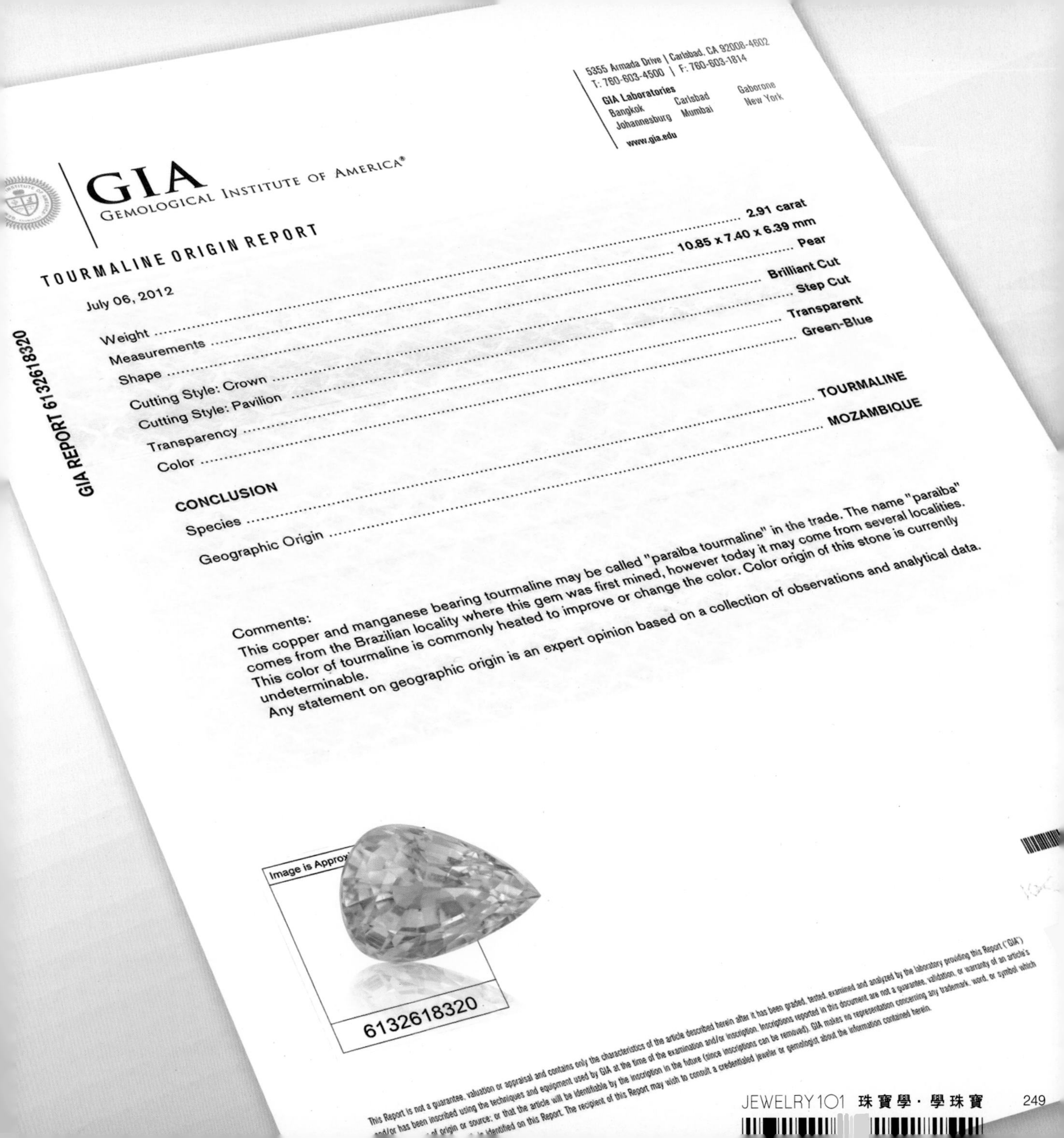

5355 Armada Drive | Carlsbad, CA 92008-4602
T: 760-603-4500 | F: 760-603-1814

GIA Laboratories
Bangkok Carlsbad Gaborone
Johannesburg Mumbai New York

www.gia.edu

GIA
GEMOLOGICAL INSTITUTE OF AMERICA®

GIA REPORT 6132618320

TOURMALINE ORIGIN REPORT

July 06, 2012

Weight .... 2.91 carat
Measurements .... 10.85 x 7.40 x 6.39 mm
Shape .... Pear
Cutting Style: Crown .... Brilliant Cut
Cutting Style: Pavilion .... Step Cut
Transparency .... Transparent
Color .... Green-Blue

CONCLUSION

Species .... TOURMALINE
Geographic Origin .... MOZAMBIQUE

Comments:
This copper and manganese bearing tourmaline may be called "paraiba tourmaline" in the trade. The name "paraiba" comes from the Brazilian locality where this gem was first mined, however today it may come from several localities. This color of tourmaline is commonly heated to improve or change the color. Color origin of this stone is currently undeterminable.
Any statement on geographic origin is an expert opinion based on a collection of observations and analytical data.

Image is Approx

6132618320

This Report is not a guarantee, valuation or appraisal and contains only the characteristics of the article described herein after it has been graded, tested, examined and analyzed by the laboratory providing this Report ("GIA") and/or has been inscribed using the techniques and equipment used by GIA at the time of the examination and/or inscription. Inscriptions reported in this document are not a guarantee, validation, or warranty of an article's ... of origin or source; or that the article will be identifiable by the inscription in the future (since inscriptions can be removed). GIA makes no representation concerning any trademark, word, or symbol which ... identified on this Report. The recipient of this Report may wish to consult a credentialed jeweler or gemologist about the information contained herein.

CHAPTER TWO

Topaz

拓 帕 石

拓帕石原礦

Topaz

拓 帕 石

產地：俄羅斯、阿富汗、巴基斯坦、斯里蘭卡、捷克、德國、巴西、馬達加斯加、美國。

無燒拓帕石 15.16 克拉
(內含明顯的金紅石)

- 礦物學名：黃玉
- 化化學成份：$Al_2SiO_4(F,OH)_2$
- 比重：3.53
- 摩氏硬度：8
- 結晶構造：斜方晶系
- 折射率：1.619~1.627

猶他州拓帕石山所產的原礦 (Utah USA)

無燒紫色拓帕石 3 顆 共 3.04 克拉

Topaz 被稱為「黃玉」，就是因為在早期發現時，被誤認為只有黃色的寶石而以此命名，但是事實上它是一種顏色豐富的美麗寶石，因此在中文上為避免混淆，多以拓帕石稱之。Topaz 主要形成於岩漿結晶分化末期，在高溫且揮發成分，如氣體、水分較多的條件之下形成的，是典型的氣成熱液礦物。

在中世紀埃及時期，皇族非常流行佩戴拓帕石，因為他們認為光輝閃耀的拓帕石象徵賦予生命的太陽神，是有著神秘傳説色彩的寶石。拓帕石的搭配性強，兼具典雅華貴與自然俏麗等多重風格，因此大受喜愛，尤其是粉紅色拓帕石顏色討喜， 行情自然看俏，知名品牌 BVLGARY 也常用拓帕石做成自然風的設計！

十分稀少無燒就呈現藍色的拓帕
(內含明顯的金紅石)

巴西無燒粉色拓帕石 4 顆 共 4.72 克拉

帝王拓帕石 Brazil Imperial Topaz

有別於市面上常見處理過的拓帕石的藍色色調，稀有的帝王拓帕石的顏色呈現天然的紅橘、黃橘、粉紅橘、粉紅黃等等的色彩。在骨董珠寶中常會看見這種顏色非常特殊的橘或紫色的天然拓帕石，但是令人納悶的是，在市面上卻並不多見。原來早在十八世紀的蘇聯及巴西就已經開採了，後來礦源枯竭，在市場上逐漸銷聲匿跡。一直到 2009 年，巴西有兩家公司重新開採後，才又呈現在世人面前。

巴西帝王黃玉拓帕石 3.36 克拉 GIA

帝王拓帕石的礦區 Capao Topaz Mine，位於巴西的 Minas Gerais(礦物州)，現在開採的規模達到50尺寬，250 尺長，12 尺深，開採出來的礦土，運到人工湖中先濾掉砂土，然後送上輸送帶上由人工挑選。大部分都是金黃色的帝王拓帕石，少數呈現粉紅色，極少數是紫色的。與一般拓帕石常見的大克拉數不同，帝王拓帕石原礦磨成成品後尺寸都不大，大約都是 2 克拉以下，可能一天的開採下來，才能找到一顆有 2 克拉大小。整個礦區開採一個月只能生產約 60 克拉寶石級等級的拓帕石，由此可見，礦源非常之稀少。2010 年十月，佳士得在紐約的拍賣會，一對帝王拓帕石的耳環以 65 萬美金成交，所以稀少又高品質的帝王拓帕石價值可是不凡，帝王此名可非浪得虛名！

上圖 拓帕石彩色設計戒 拓帕石 2 顆 共 2 克拉

CHAPTER TWO

產於肯亞與坦尚尼亞交界處的
黝簾石與紅寶石共生的原礦

Zoisite

黝 簾 石

從坦尚尼亞所挖掘的丹泉石原礦

Zoisite

黝簾石

無燒丹泉石墜 7.8 克拉 GIA

產地：坦尚尼亞、南非、阿富汗、奈及利亞、中國、挪威、辛巴威、俄羅斯、尚比亞、印度、斯里蘭卡、迦納。

- 礦物學名：黝簾石
- 化學成份：$Ca_2Al_3(SiO_4)(Si_2O7)O(OH)$
- 比重：3.10~3.38
- 摩氏硬度：6.5
- 結晶構造：斜方晶系
- 折射率：1.69~1.70

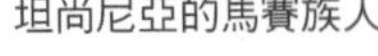

坦尚尼亞的馬賽族人

黝簾石 Zoisite 是由斯洛維尼亞貴族 Sigmund Zois von Edelstein 男爵來命名的。1805 年，礦物經銷商在奧地利薩屋阿爾卑斯山發現，並把礦物帶來給了男爵。男爵仔細檢查發現這是一種未命名的礦物，鑑定後將這種石頭命名為 Zoisite 黝簾石。黝簾石蘊藏於變質岩以及結晶花崗岩岩脈中，以多彩的正交晶系晶體或是以大團塊的形狀呈現。黝簾石具有多個變種有藍色、紫羅蘭色、褐色、粉紅色、黃色、灰色或無色。還有與紅寶石共生的綠色黝簾石變種以及粉紅色的錳黝簾石等，這些變種大多以不透明塊狀的型態產出，較少人拿來作為寶石飾品，僅有帶藍紫色的黝簾石變種，為珠寶級的礦物。

丹泉石 Tanzanite

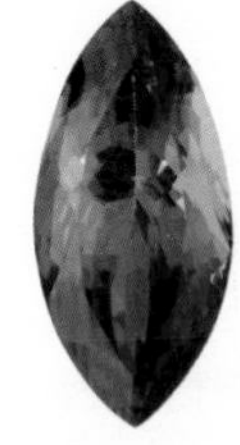

坦尚尼亞礦業部長：「這是上帝對坦尚尼亞人民的賜予。」 丹泉石 Tanzanite - 又稱為坦尚尼亞石、坦桑石、坦桑藍或丹泉石。

Merelani Hill 附近的草原因天空的一道落雷而燃燒起來。之後馬賽人 (Masai) 在燃燒後的草原發現了

上圖　方形丹泉石裸石 6.34 克拉
中圖　丹泉石裸石 21.91 克拉 GRS
下圖　馬眼丹泉石裸石 4.96 克拉

Tanzanite one (Richland Resources) 工廠內全部機械化生產 。
透過介質分離，利用丹泉石與母岩比重不同，進行分離。

無燒丹泉石裸石 27.96 克拉 GRS

一種 " 藍色寶石 "。丹泉石的寶石切面美感，與其多色性有絕對的關係 (不同角度會形成淺藍、藍紫等色)，由於觀看角度的不同，其所蘊含的藍色調與紫色調比例會呈現微妙變化，成了丹泉石最受人喜愛的理由。

自從 1967 年於坦尚尼亞發現之後，丹泉石明亮的藍紫色，立刻受到市場的歡迎，加上 Tiffany 珠寶公司成功的把丹泉石推向市場，造成搶購熱潮，因此它的價格迅速攀升，與紅藍寶等高價寶石比肩，成了炙手可熱的寶石新貴。大多數的丹泉石原礦呈褐色，因此須經熱處理，使其顏色轉為藍紫色，幾乎是丹泉石的標準優化處理，經熱處理過後的丹泉石，呈藍中帶紫的色調。 因此色澤鮮艷的天然無燒丹泉石便成了行家的最愛。

無燒丹泉石墜 22.75 克拉

丹泉石戒 0.65 克拉

礦區探訪 **坦尚尼亞** Tanzonia

經過香港，泰國轉機，過境衣索匹亞。千里迢迢終於來到嚮往已久的丹泉石產地—坦尚尼亞。到過非洲這麼多趟，這是第一個國家讓我在通過海關時就覺得這是一個非常棒的國家。雖然入境前要檢查是否有施打黃熱病與瘧疾疫苗，如果忘了打，或文件證明忘了帶，是不能入境的。所以如果有機會到坦尚尼亞，這是非常重要的。

與坦尚尼亞 Winza 的紅寶礦區剛出來的工人合照

礦工們的簡陋午餐

筆者與坦尚尼亞駐法國大使 Eric 合照

丹泉石設計戒 6.21 克拉

當晚入住 Arusha 的飯店有一百多年的歷史了，早在英國統治坦尚尼亞時期所建。我非常喜歡維多利亞時期的老舊建築，內部陳設也非常高雅，整潔，大方，心想下一次一定要帶家人到此一遊。飯店內非常繁忙，來自全世界的遊客擠滿了飯店。我心裡納悶：會有這麼多人來看寶石嗎？一問之下才明白，原來大家都是來看動物大遷徙的。只有我是來尋找寶石的。

非常幸運的，幫我安排行程的 Eric 帶我參觀多處原料集散地，及寶石加工廠。他除了熟悉當地各礦區外，另一個身分是坦尚尼亞駐法國大使。他告訴我，當地的碧璽原礦去年已經漲了 4 到 5 倍。莫三比克的碧璽也供不應求。這樣狀況再持續下去，將來很快的，碧璽價格將高不可攀。其實最近在中國看到的碧璽價格正如他所說，價格一飛沖天。還有另一種這幾年價格上漲的原料，產於 ARUSHA 北方與肯亞交界，全世界僅有此地出產的紅寶與黝簾石共生礦。俗稱紅綠寶。當地已經絕礦了。回想多年前看過一批礦石當年沒有買下來，真是太可惜了。Eric 還給我看了坦尚尼亞新發現的變色石榴石，非常特殊，結晶不大，但是變色效果顯著。Eric 告訴我說他在中部馬亨格 (Mahenge) 擁有全世界最棒的尖晶石礦區，不但結晶大且顏色濃郁，非常適合做成高級寶石。

為了前往坦尚尼亞有名的紅寶礦區，要先飛到杜篤瑪 (Dodoma)。幸運的話，再包車一天就能到達寶石界知名的 Winza 礦區。為什麼說幸運呢？當地民生條件落後，很多地方都沒水沒電沒油。與北部大城 Arusha

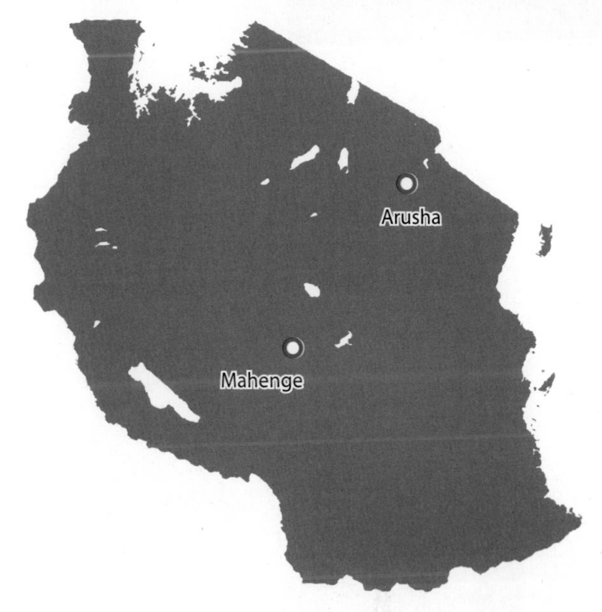

Tanzania map

上圖 無燒丹泉石墜 7.8 克拉 GIA
下圖 丹泉石蜻蜓別針套鍊組 丹泉石別針套鍊

Tanzanite One 工廠 在學習研磨的工人

與挖掘丹泉石的礦工們合影 (Tanzanite mine in Tanzania)

孔雀系列 丹泉石戒 2.99 克拉

截然不同，被搶被殺也時有所聞。從一個村莊到下一個村莊都是挑戰。許多加油站根本沒油，開到完全沒油時，只好在路上停留一晚。等待補給。後來終於到了傳說中的 Winza 礦。才發現 2010 年就絕礦了。這個礦從 2007 年發現開始，紅遍全世界。萬萬沒想到才三年的光景，就開採殆盡。它的價格當然在市場的反應下，高不可攀。你相信嗎？ Winza 好的紅寶一克拉要上萬美金，而大克拉的 Winza 紅寶在拍賣會上的成交價要數十萬美金。想到這，不禁覺得我太晚才來 Winza 了。

難得完整結晶的丹泉石晶體

來到坦尚尼亞最重要的任務是要探訪以此國家命名的寶石—Tanzanite 丹泉石 (又稱坦桑石)。吉利馬札羅山山腳下的馬賽族族人常佩戴這藍色寶石，傳説可以永保平安健康。在 1968 年，Tiffany 為它命名，從此丹泉石就和 Tiffany 畫上等號。丹泉石獨特的多色性，有多種藍，紫，綠，粉色的變化，總是非常搶眼，形成於 5.85 億年前的珍貴寶石，因為美麗，在短短數十年間紅遍全世界。這個全世界唯一出產丹泉石的礦區，在丹泉石基金會的協助之下，不但保護了野生動物，也改善當地的生活條件。如今英國的上市公司 (Richland Resources) 擁有丹泉石全部礦權。而 Tanzanite One 是此公司推行全世界的品牌名稱。目前此礦區已挖到九百呎的深度，號稱最深的寶石礦 (Deepest Purely Gemstone Mine in the World)。其開採的艱難度與規模可想而知。

丹泉石玫瑰花鑽墜 4.13 克拉

根據 Tanzanite One 的資料，由於中國與印度的崛起，目前丹泉石供不應求。他們真的非常擔心丹泉石礦的庫存問題。深怕未來絕礦。造成公司損失。因此，當地教育工人開始把細碎的材料磨至一分二分的大小，使其利用率提升，這樣才能使這種美麗的寶石有更多人有機會擁有。

坦尚尼亞除了美麗的丹泉石之外，值得一提，中部 Mahenge 也有生產全世界最漂亮的粉紅尖晶石。當然碧璽、石榴石、鋯石、紅寶石及沙弗萊石也是當地特產。

丹泉石沙弗萊耳環 8.92 克拉 / 6.45 克拉

Mahenge 所出產的粉紅尖晶

孔雀系列 丹泉耳環
主石共 1.97 克拉

丹泉石 169.97 克拉

Safari 季節性的動物大遷徙

來到非洲當然不能錯過 Safari 的機會。把握最後三天，坐上吉普車，來趟狩獵之旅。才離開市區十分鐘，就看到大象，長頸鹿在路上走動。我問導遊為什麼動物會這麼靠近市區呢？導遊說是因為人類占領了動物的生活區域。在季節性的動物大遷徙時，很多動物沒有走到 " 賽倫蓋地國家公園 "，或許是走失，或許是走的太慢，所以我們在狩獵車上可以近距離的與野生動物接觸。真是難忘的經驗。

丹泉石蜻蜓別針套鍊組 丹泉石別針套鍊
丹泉石 138.40 克拉

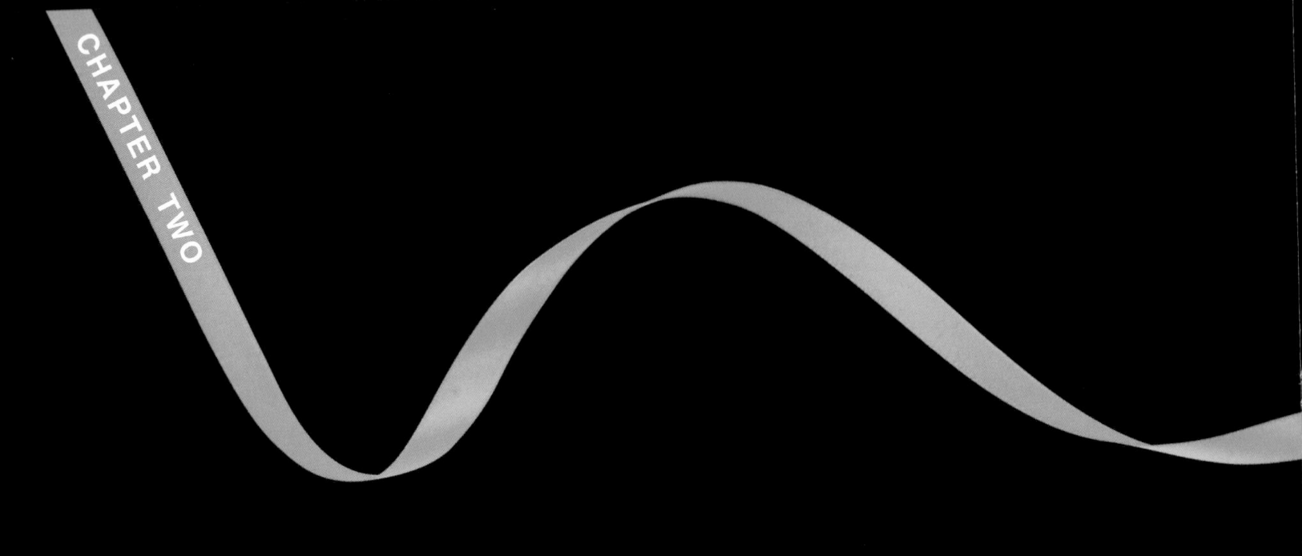
CHAPTER TWO

Zircon

鋯　石

Zircon

鋯 石

產地：澳洲、俄羅斯、南非、巴西、印度、台灣。

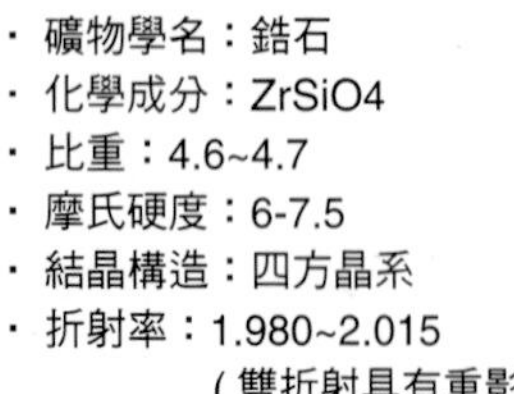

- 礦物學名：鋯石
- 化學成分：ZrSiO4
- 比重：4.6~4.7
- 摩氏硬度：6-7.5
- 結晶構造：四方晶系
- 折射率：1.980~2.015
  (雙折射具有重影)

風信子裸石

來自坦尚尼亞 Maraya Zircon 的鋯石

風信子裸石

Zircon 名稱的由來有兩種說法：來自阿拉伯文“Zarkun”，意為“辰砂及銀朱”；另一說法認為，是源於古波斯語“Zargun”，意即“金黃色”。「鋯石」是古老的礦石之一，別名又叫「風信子石」，擁有跟鑽石相近的金剛光澤與火彩，折射率僅次於鑽石，因此成為鑽石常用的替代品。風信子時通常為黃色與棕色，經過處理後形成亮麗的藍色，因為價格不高，因此廣泛受到大家的喜愛。

台灣也有發現過鋯石及剛玉的礦源，分布在基隆火山群的變質岩分佈區，以及北港溪、朴子溪、八掌溪、曾文溪砂洲與新竹以北海岸之砂礦床中。

藍色風信子戒 4.6 克拉

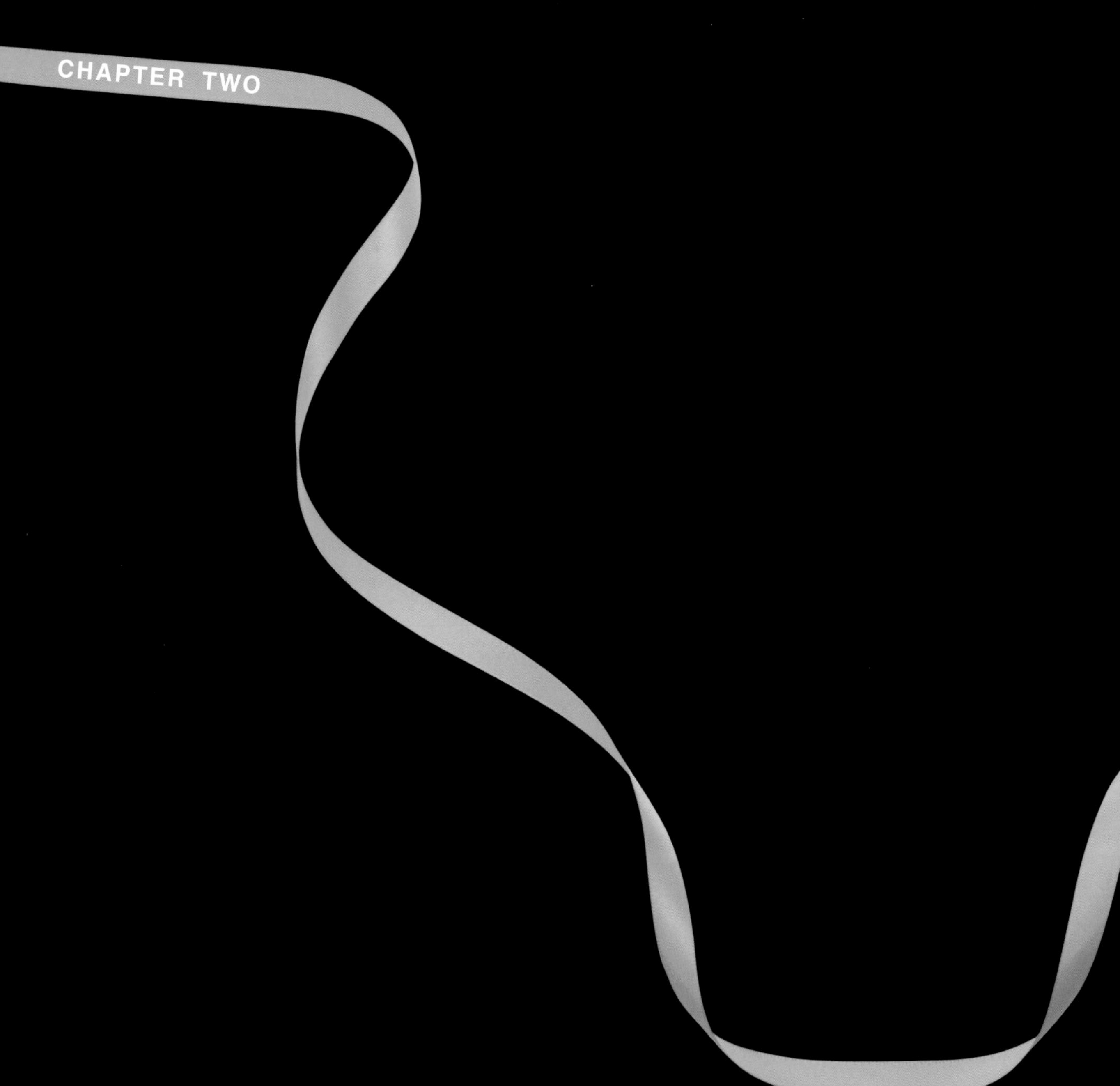
CHAPTER TWO

Amber

琥　珀

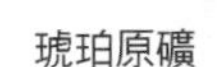

琥珀原礦

Amber

琥 珀

產地：波羅地海沿岸的波蘭、俄羅斯、立陶宛，多明尼加、中國、緬甸、墨西哥。

- 礦物學名：琥珀
- 化學成份：$C_{10}H_{16}O$
- 比重：1.04~1.08
- 摩氏硬度：2~2.5
- 結晶構造：有機寶石非結晶系
- 折射率：1.359~1.545

琥珀的種類

藍珀：

產自多明尼加的稀有藍色琥珀，成因至今依舊成謎。最頂級的藍珀指出產於北部礦區，價高量少。

綠珀：

高檔墨西哥綠色帶皮琥珀，常成墨綠色，帶黃或紅皮，當地礦產由農夫純手工採石，原礦大多呈淺黃綠色。

遠古琥珀形成示意圖
琥珀樹

左圖 俗稱多明尼加化石樹的豆科植物琥珀樹，現存在多明尼加部份山區，尤其是東部及北部琥珀礦區附近。
數千萬年前的琥珀樹汁液滴下後，順著小溪流入大海，經過地殼變動後隆起成今天的琥珀礦山。

金珀：

產自波羅的海的金珀，因加熱而呈現太陽花，增添琥珀風采。

血珀：

呈赤紅色的色澤，在西方國家稱為血珀 (bloody amber)。

金絲珀：

老琥珀經空氣氧化及陽光照射下產生金絲狀，需經百年的淬鍊。

蟲珀：

波羅的海沿岸、墨西哥、多明尼加甚至中國撫順、緬甸均有發現蟲珀蹤跡。

蜜蠟：

波羅的海礦區出產大多為蜜蠟，經過加熱後，才呈現透明的琥珀，色澤濃郁鮮黃。產自烏克蘭的蜜蠟經過加溫後，墊黑色底色造成偏黃綠的綠珀，市場上是可認同的。

上圖 經過大海洗禮所挖掘出的琥珀，可見貝類等寄生物附著其上。
下圖 樹枝穿過琥珀而形成的原礦。

【琥珀生成的土壤層結構】

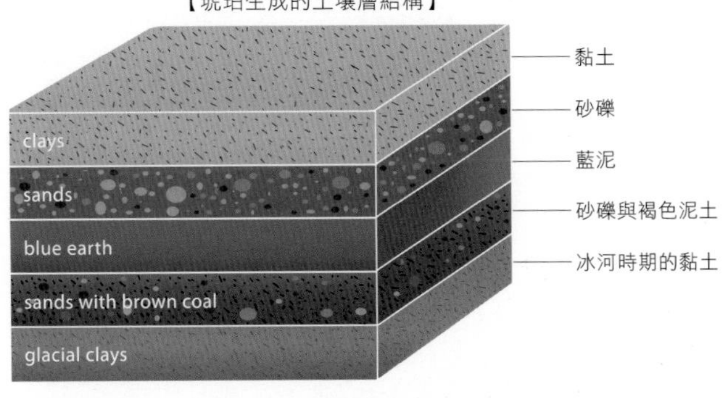

大地的恩賜 - **多明尼加藍珀**

「琥珀」豆科植物琥珀樹的精髓，生於數千萬年前，藏於地底之中，或清澈透亮、或神秘典雅；只要你用細膩的思維來欣賞，你將發現每一顆琥珀都擁有一個故事和遺世獨立的世界。

跟循哥倫布足跡 神秘藍珀現世

在暖色系的琥珀世界中，屬寒色系的藍珀是獨一無二的，可說是大地特別的恩典，全世界僅有位於中美洲的多明尼加共和國出產這樣的琥珀。為什麼琥珀會是藍色的呢？最新的證據指出，應該是與火山作用有關。

攝於琥珀礦口

一般的藍珀在螢光燈下有強烈的螢光反應。

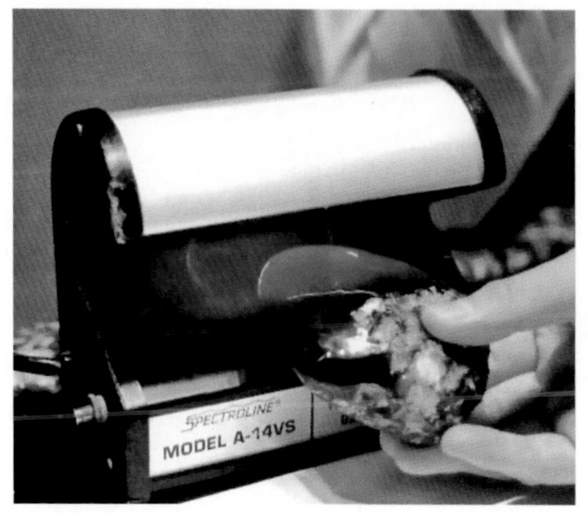

難得一見在自然光下就能呈現如此湛藍的藍珀原礦。

藍琥珀最早的文獻，出現在哥倫布日誌的記載中。十五世紀時，哥倫布率領船隊找到了西印度群島，在他第二次的航程中，記載了多明尼加的藍琥珀，其實一塊琥珀的價值早在數千年前，是等同於一個奴隸的價值。而隨著哥倫布將藍珀引進歐洲，使得歐洲皇室莫不爭相收藏這傳説中能消災解厄、帶來好運與健康的藍色精靈。

前故宮院長秦孝儀先生參觀筆者的琥珀展

人工開採艱辛 產量**稀少珍貴**

由於琥珀的硬度很低，開採琥珀不能使用炸藥或重

Santo Domingo 有許多哥倫布登陸時的遺址

機械，因此必須以原始的人工開採方式來避免琥珀原礦受到損傷。目前最有名的藍珀礦區在聖地亞哥的北部，要到礦區的方法十分艱辛，眾人必須列隊成單排，沿著狹窄小徑穿越茂密的亞熱帶植物及叢林，有時甚至得匍匐在泥濘中前進。這也難怪不少礦工還是稚氣未脫的孩童，因為他們能在狹小的礦坑坑道中進出比較方便。

藍珀原礦 3.295 公斤

筆者與多明尼加國礦主合影

多國特產可可樹

位於多明尼加的國家琥珀加工學校

藍珀原礦 160 克

筆者與多明尼加駐華大使 Mr.Santos 合影

礦坑坑道裡很少以支架支撐，常常是幾個坑道同時挖掘，因此碰到下雨，極有坍塌的危險。環境惡劣與技術落後，使藍珀的產量很少而且不穩定，加上目前還在開採的礦坑愈來愈少，以 2000 年的琥珀產量和 1991 年比較，2000 年所產的琥珀只有後者的百分之四十。有專家預測，有可能一、二十年後，琥珀的礦源將開採殆盡，若真如此，藍珀恐將成絕響！

德國寶石博物館 Idar-Oberstein

Idar-Oberstein 是德國南方的小鎮，也是琥珀、寶石工業重要的起源地。

伊達奧堡斯堡 Idar-Obersten 博物館

墨西哥 SIMOJOVEL 的琥珀博物館

由綠珀、琥珀、蜜蠟所構成設計的銀戒

在簡陋的工廠裡雕刻琥珀

墨西哥街道

綠珀

在市場上稱綠珀的琥珀有兩種，一種是產在烏克蘭帶黑皮的琥珀，因為光的反射，讓它看起來有一點綠色，如果把烏克蘭琥珀的底墊成黑色，就是市場上稱為的綠珀了；而另外一種則是真正的綠珀，產在多明尼加的東部和墨西哥的南部，在多明尼加的東部所產的琥珀不同於北部的藍珀，它呈現一種特殊的綠色和墨西哥的綠珀有點相近，但是多明尼加大多

綠珀項鍊

墨西哥當地的印地安人手做的工藝品

數的綠珀呈扁平狀，而墨西哥的綠珀則是呈現塊狀或是球瘤狀，而且它的綠珀比較清透少雜質，常呈現黃色底帶綠色或是墨綠色。多明尼加和墨西哥應同屬一種琥珀，據科學證實，兩地因早期陸地的板塊運動而分開，這種稀有而特殊的綠色，深深吸引著全世界的琥珀收藏家。

馬達加斯加的柯巴脂 (Madagascar copal)

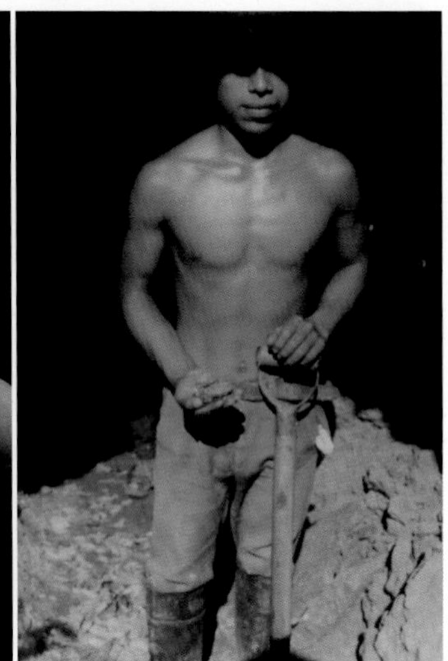
墨西哥綠珀礦區

克里寧格勒 - 琥珀工廠
雖然早已解放，仍有共產體制下的琥珀工廠有著戒備森嚴，嚴肅的外觀。

蜜蠟鼻煙壺

俄羅斯
克里寧格勒 Kaliningrad

在眾多人的印象當中，俄羅斯 一直是封閉專制的。的確，直至今 21 世紀，共產制度下的影子還保留著，不管是五星級飯店還是 tourist center 都沒有人願意講英語，大眾的服務態度也不好，也因此，在專制下的琥珀工業一直被控制在天然資源局的機構下（Rosnedra government agency），為了保護州政府所擁有的克里寧格勒 - 琥珀工廠，控管 Sambian Peninsula 琥珀開礦的執照，以便控制琥珀價格。但是，非法交易卻更為熱絡，甚至有些礦權被控制在當地的黑幫手上以走私的方式輸出。

俄羅斯琥珀工廠

俄羅斯蜜蠟原礦

1990 年蘇聯解體後，礦區開放了 300 個開礦執照，因此，挖出了很多琥珀，因此帶動全世界一股琥珀的流行風潮。隨著琥珀市場的興起，礦區裡礦源逐年下降，到 2006 年礦源只剩 10 年前的 1 ／ 10（其中，包含很小甚至沒有商用價值的琥珀），導致琥珀市場價格不斷上揚，加上歐洲共同市場通用歐元，使得本來以美金計價的原礦直接換成歐元報價，種種因素下，讓擁有全世界 60％礦源的蘇聯政府再度控制全世界的琥珀市場，甚至原礦以每年百分之三十價格的速度增長。

擁有全世界 60％琥珀的城鎮克里寧格勒位處波羅的海右岸，上方及右方是立陶宛，下方是波蘭。雖然它是俄羅斯領土的一部份，但是它是俄羅斯眾聯邦間唯一未相連的。1945 年二次世界大戰結束時，前蘇聯佔領了這個地區，並將許多俄羅斯人移民到這裡。後來蘇聯解體，立陶宛獨立，將克里寧格勒與俄羅斯隔開。但克里寧格勒境內大多數都是俄國人，所以並未獨立。

現在全世界大約有 60% 的琥珀原礦是由這個區域輸出，琥珀礦的價格就受到俄國政府的控制，俄國政府會視琥珀市場的供需狀況釋出原料，除了蘇聯解體的頭幾年，有些走私的琥珀流入鄰近國家，而產生價格下挫的狀況，之後每一年琥珀的產量大概減少 10%，而價格幾乎每年以 10% 到 30% 的幅度增長。

樹葉琥珀化石

種類比較	來源	顏色	比重	燃燒反應	研磨	硬度	拋光	年代
天然琥珀	松樹脂 長期變質	黃色系列	1.08	輕檀松香味	成粉狀	約 2.5	易拋光	約 2000 萬 至 6000 萬年
紐西蘭、馬達加 斯加柯巴脂	一般樹脂 短期變質	生柯巴脂為淡黃色 熟柯巴脂顏色較深 褐色	1.06	濃松香味	絲條狀	1.5	不易拋光 較無光澤	數 10 年至 400 萬年
南非合成 老蜜蠟	用蜂蜜渣 化學合成	淡黃、彩色皆有	0.95	臭味	破碎面	2.3	易拋光	一般為新的 但也有上百年的
貝克力	化學原料	可依不同顏色調配	1.38	燒焦味	破碎面	2.3	易拋光	無年代
酵素	化學原料	可依不同顏色調配	1.38	燒焦味	成粉狀	2.3	易拋光	無年代
印尼藍綠色 柯巴脂	一般樹脂 短期變質	印尼的柯巴脂偏藍 綠黑色	1.06	濃松香味	絲條狀	1.5	不易拋光 較無光澤	數 10 年至 400 萬年

康德故居 Kaliningrad

彌勒佛雕藍珀 32 克
運用了順勢而生的想法，保留了大部分的原礦質感，更能突顯巧雕、原礦兩者之間的對比性，也傳達了笑彌勒怡然自在、笑看人生的禪意。

琥珀工廠
Kaliningrad Amber Factory

1947 年克里寧格勒琥珀工廠 (Kaliningrad Amber Factory) 成立，從琥珀的開採到各類琥珀成品的製造都有，不只是琥珀類的飾品，連琥珀酸，琥珀油都有。這裡的藍泥層是屬於漸新世的地質年代，是琥珀礦蘊含量最豐富的地區。目前是採用機械化有系統的開採，採礦權控制在琥珀工廠手上。有時候海浪會將海中的琥珀打上岸，可惜這些琥珀都不太大塊，在這裡的漁船會出海撈琥珀，也有潛水夫潛水找琥珀，因為琥珀的國際行情愈來愈高，挖掘琥珀的投資也愈來愈多。

左圖　筆者在波羅的海的海岸邊挑選與海草纏繞一起的琥珀。
下圖　克里寧格勒海邊偶爾可見被沖上岸的海草中挾帶著琥珀。

濟公活佛藍珀雕件 272 克
以超過 100 公克的藍珀雕件非常難得一見，精巧的濟公活佛姿態雕刻得生動自然，巧妙運用雕刻與藍珀間的微妙色彩變化，使作品更加精采難得，更具有收藏價值。

格旦斯克火車站本身也是個古蹟

波蘭 格旦斯克 Gdansk

雖然波蘭的琥珀工業很發達，但是，以前幾乎都是由其他國家進口原礦，波蘭人負責設計加工。不過，從 1990 年代之後，琥珀的價格愈來愈高，波蘭政府開始開放琥珀礦的開採，到現在為止大約發了十多張的開採執照，開採的地點主要延著 Vistula 河出海口大約 2 萬公頃的地帶，開採質地不錯的琥珀礦。

隨處是驚喜的舊城區 Old Town

格旦斯克是一座非常有古味的城市，置身其中常有處於電影場景中的錯覺，彷彿回到了中世紀的城市。根據史料記載，格但斯克建於西元 997 年，建城已超過一千年了，這裡的建築物都有幾百年的歷史。隨處逛逛，映入眼簾的是好老好老的建築，有些還露出殘破的一角。遠處教堂鐘樓傳來悅耳的鐘聲，祥和的鐘聲不可思議已響了數百年。遊人如幟的廣場中，更有集體朝盛的感覺，點一杯咖啡坐在廣場，身處在古老的歷史建築中，享受浮生半日閒，真是一大樂事！

波蘭琥珀原礦

波蘭位於波羅的海沿岸，也蘊藏有琥珀礦，但是波蘭政府直到最近才開放沿海琥珀礦的開採，筆者很榮幸能受礦主之邀記錄整個開採過程。

風靡國際的波蘭琥珀銀飾

波蘭的銀飾設計深受國際上歡迎，尤其鑲嵌有琥珀的更是一大特色。從中世紀時騎士們穿的盔甲製作到現代，波蘭一直有優良技術的傳承。相信鑲嵌的技術更是爐火純青，波蘭的確有很多好的工匠，但是加入歐洲共同市場後，傳統的工資待遇已無法吸引年輕人，師傅也外流，所以有日趨式微的現象。

上圖 波蘭格旦斯克礦區沿岸。
左圖 Maliski 街上有許多古老的琥珀精品店，是最適合 shopping 的購物天堂。

1. 圈地固定
2. 灌水 – 因為琥珀比鹽水的比重低，所以鹽水灌入後琥珀會漸漸浮出。
3. 收集 – 將浮出的物質全都收集起來挑選分級看到礦工開採的過程，深深覺得「粒粒皆辛苦」。
4. 透過不斷用水柱沖海平面下 5 公尺深的泥層，浮出的物質都一一收集起來，無論是小琥珀碎屑或海草等，全都裝起來，再送到工廠一一篩選，深怕漏了一塊。
5. 筆著與波蘭最大的琥珀礦主 Kriyysztof Lalrk 合影。

3

1

4

2

5

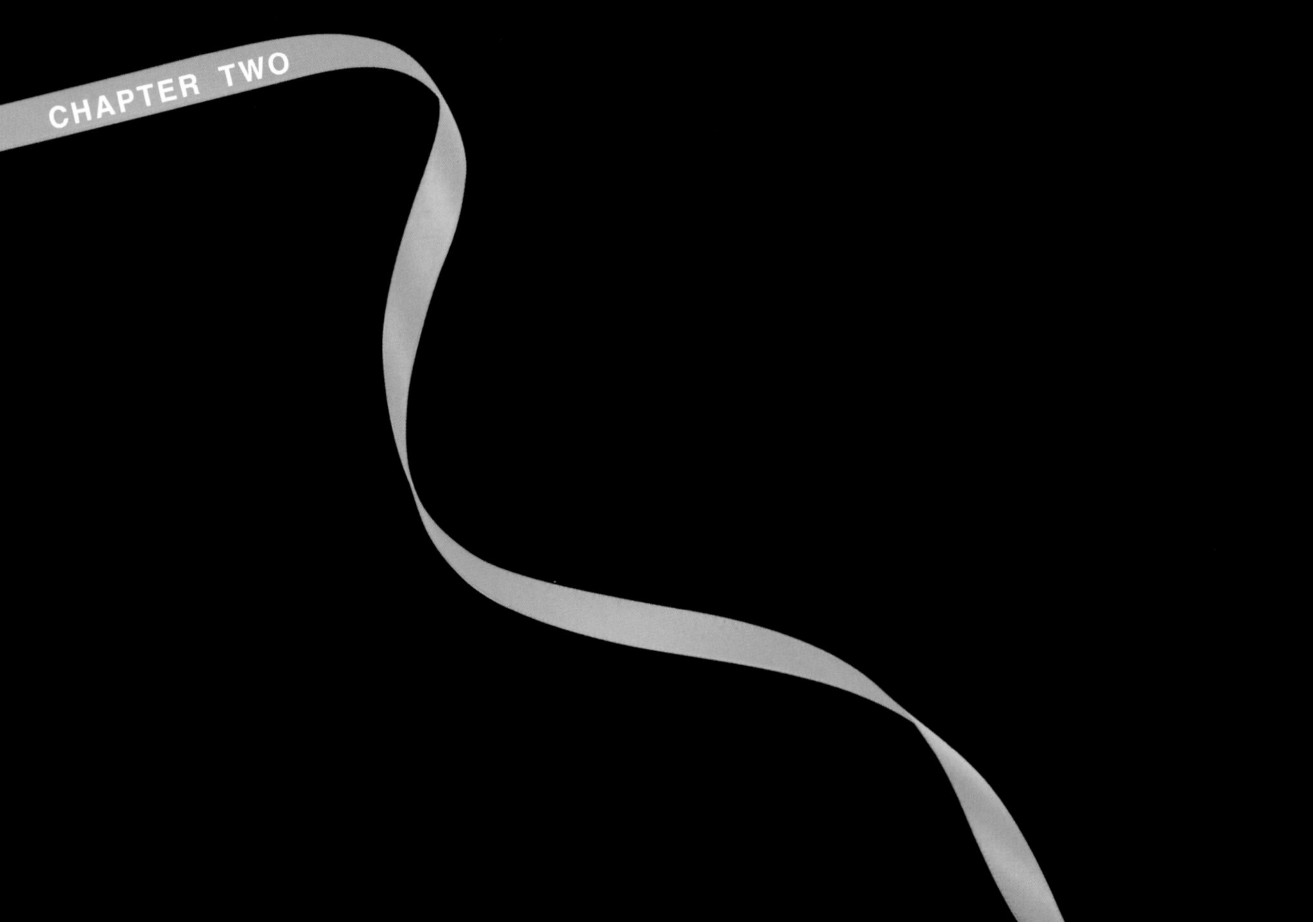
CHAPTER TWO

珊瑚樹

Coral

珊 瑚

Coral

珊　瑚

產地：日本、台灣、中國、夏威夷、中途島、意大利、阿爾及爾、突尼斯、西班牙等。

- 礦物學名：珊瑚
- 化學成份：$CaCO_3$
- 比重：2.68
- 摩氏硬度：3
- 結晶構造：有機寶石非結晶系
- 折射率：1.49~1.66

珊瑚樹

大海的精靈，連座完整從海底撈起的美麗珊瑚樹。漢代文獻紀錄指出，美麗珍貴的珊瑚，用於帝王及宮廷裝飾物等，為地位和財富的象徵，值得收藏。台灣有少數的珊瑚船至今還在打撈，偶爾在澎湖或蘇澳可以看見。

台灣有少數的珊瑚船，至今仍在打撈，
偶而在澎湖、蘇澳可以看見。

Taiwan Momo 珊瑚原枝鑲鑽墜

珊瑚為有機寶石的一種，是死去的珊瑚蟲及其分泌物構成的骨骼化石。原生長於硬底、流急、無沉積物、光照度低、水源清澈的温暖海域中。而在實現鈣化的過程內，因長期居受深海海水的垂直壓力與側壓後，結構緊密質量增大而成。作為寶石使用的珊瑚又稱為貴珊瑚。羅馬人稱珊瑚為「紅色黃金」，可知它的珍貴與美麗。另外有一種金珊瑚 (Golden Coral) 與黑珊瑚 (Black Coral) 與赤金珊瑚 (Euplexaura erecta) 則是由介殼素與角質物質組成。

粉紅珊瑚戒

珊瑚中又以擁有各種鮮艷紅色的貴為寶石級，可分下列幾類：

阿卡紅珊瑚 (AKA)

俗稱牛血紅珊瑚，但其中也常有淺紅、粉色與白色。主要分布於台灣及日本海域。枝面光滑細膩無紋，有白芯。

沙丁紅珊瑚 (Sardinia)

以義大利沙丁尼群島所產典型而聞名。主要為大紅色，如稱辣椒紅珊瑚。品質與 AKA 類似，無白芯。

桃紅珊瑚 (Momo)

顏色次於 AKA，色屬肉桃紅色。其中偏向粉橘的鮭魚紅 (Salmon-red) 也包含在內。主要產區為台灣、日本，生長紋路較清晰，光感無 AKA 強，但較 AKA 脆，多用於雕刻。

粉珊瑚 (Misu)

為深水珊瑚，淡粉至暗粉皆有，另有天使珊瑚 (Angel Skin) 之稱，產於西太平洋台灣至夏威夷等海域中。

MOMO 珊瑚 狼

早在三千多年前，人類就有使用珊瑚的紀錄，在地中海義大利有兩千多年的開採史，印地安土著民族的傳統文化中就有悠久的歷史。早期珊瑚主要作為驅魔避邪使用，古羅馬人認為珊瑚可防止災禍，更有航海者相信佩戴珊瑚，可使海面風平浪靜。在清朝為皇家貢品，唯有二品以上官員才可佩戴珊瑚，是高級貴族才可享有的身分標誌。

MOMO 珊瑚觀音墜

珊瑚也被尊奉為佛教七寶之一，在印度及西藏，佛教徒視為如來化身，用其作為佛珠或裝飾神像。

珊瑚是目前世界上唯一無法由實驗室成功複製或人工養殖的天然寶石。台灣的產量曾佔全世界的百分之八十，有「珊瑚王國」的美喻。但因生長速度慢，加上現今環境污染以及華盛頓公約的保護下，收藏價格扶搖直上。

AKA 珊瑚戒

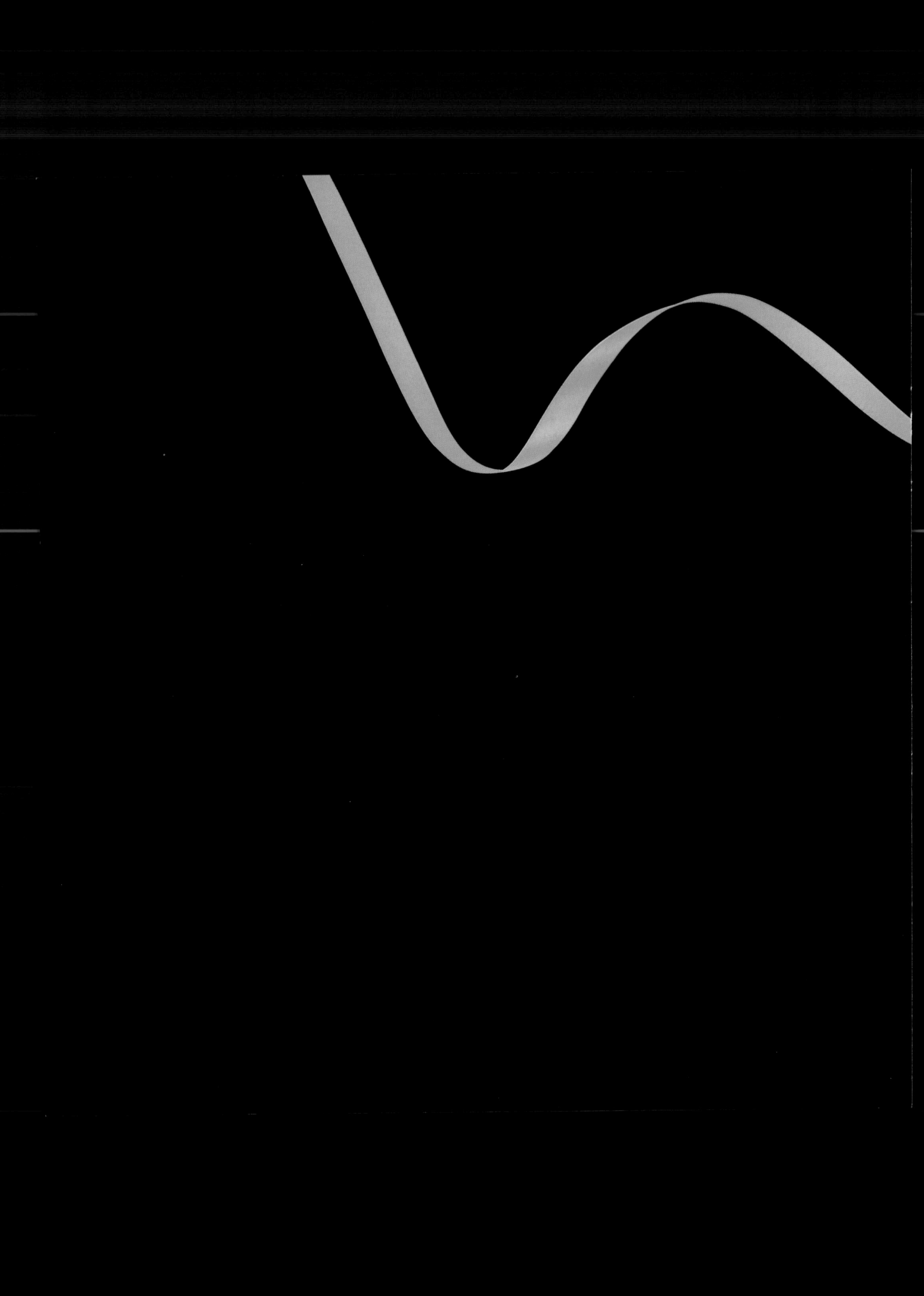

Pearl

珍　珠

Pearl

珍　珠

產地：

天然珍珠－伊朗、阿拉伯、斯里蘭卡、印尼、緬甸、菲律賓、澳洲、孟加拉、墨西哥、東南亞等地。

養殖珍珠－夏威夷、大溪地、波利尼西亞、中國、日本、澳洲、印尼、菲律賓。

天然干貝珠 (scallop)

- 礦物學名：珍珠
- 主要化學成份：$CaCO_3$
- 摩氏硬度：2.5~4.5
- 比 重：2.61~2.85
- 折射率：1.530~1.686

日本琵琶湖

珍珠，英文名為 Pearl，本由拉丁文 Pernulo 珍珠原狀演化而來。它的另一個名子 Margarite，則出自於古代波斯梵語，其義為「大海之子」。早在兩億年前，地球上就有了珍珠，遠古時期的人類在海邊覓食時，就發現了它美麗的存在。成為人們喜愛的飾品並流傳至今。珍珠又名真珠、蚌珠，是一種含碳酸鈣的有機礦物。印度洋、阿拉伯灣 (Basra pearl)、紅海海域及墨西哥灣至今都一直還有少數的天然珍珠 (Salt Water Pearl) 產出。

金珠鑽墜 金珠 12mm 吳照明證書

日本琵琶湖

金珠 13.59 克拉 GIA

筆者在吃海瓜子時，所吃到的珍珠，真是意外的驚喜！

1

2

1. 與 3. 都是非人工養殖的天然生蠔珠 (natural saltwater)
2. 非人工養殖天然的 melo 珠

3

珍珠的形成來自於瓣鰓鋼軟體動物。這些上皮細胞會分泌碳酸鈣的特別動物，會因外套膜受到刺激、異物、甲殼的受傷而將其陷入外套膜的結締組織中，為核包裹而形成珍珠囊。珍珠囊細胞分泌出貝殼硬蛋白黏合在一起的文石與方解石混合物成為珍珠質，一層又一層的核覆包裹，日積月累，最終形成圓整光滑的珍珠。而其特殊的光澤，便是珍珠質層上反射與衍射而成。當珍珠質層越薄越多，光澤就越漂亮，形成特有的暈光效果 (Orient)。

珍珠的成因也因此二分為兩種，以異物為核層覆而成的「異物珍珠」，與表皮受到病理刺激而自行細胞分裂包裹的「無核珍珠」。而「無核珍珠」便是今日人工養珠的主要方式，剪下育珠蚌的上皮細胞小片與蚌殼制備的人工核，一起植入蚌的外套膜結締組織，便可迅速產出多顆珍珠。此外，除了珍珠蛤也另有使用鮑、海螺、蠔等生產珍珠的方法。至今天然珍珠已不多見，一般看到的珍珠大部分都為人工養殖。而人工養珠的歷史最早可追朔於十三世紀的中國，當時的人們在蚌類上貼黏佛像狀的物體，並靜待其分泌物完整覆蓋而形成佛像狀的半面珍珠體。

日本鳥羽 採集真珠的海女

但最成功的養珠則來自日本的「養珠之父」御木本幸吉，他於1896 年獲得生產專利，1905 年成功養出了完整的珍珠，無疑為珍珠的新革命。但養殖的母貝中僅有一半才能生長出珍珠，這一半之內卻又只有一半的機率出現具有高價質作為寶石使用的珠寶，仍然十分珍貴。

天然非養殖的 Clam Pearls

現今的珍珠約可區分為三類，南洋珠、日本珠以及淡水珠。也有以養殖的貝類作為區分的指標，但因貝類眾多而過於繁複。市面上一般為清楚分辨，則以水域、產地特性劃分其種類：

南洋珠 (South Sea Peal)
海水養殖珠。由南太平洋及東南亞一帶的養殖貝類所生產的珍珠皆稱為南洋珠。顏色有白、金、黑等，因貝類不同而影響成色。南洋珠尺寸較大，光澤較佳，養殖期也最長，約需四年的時間。完美的南洋珠大約只佔收成的 5%-10%，取得不易，價格偏高。在拍賣會中屢創天價。

天然非養殖的墨西哥海水珠

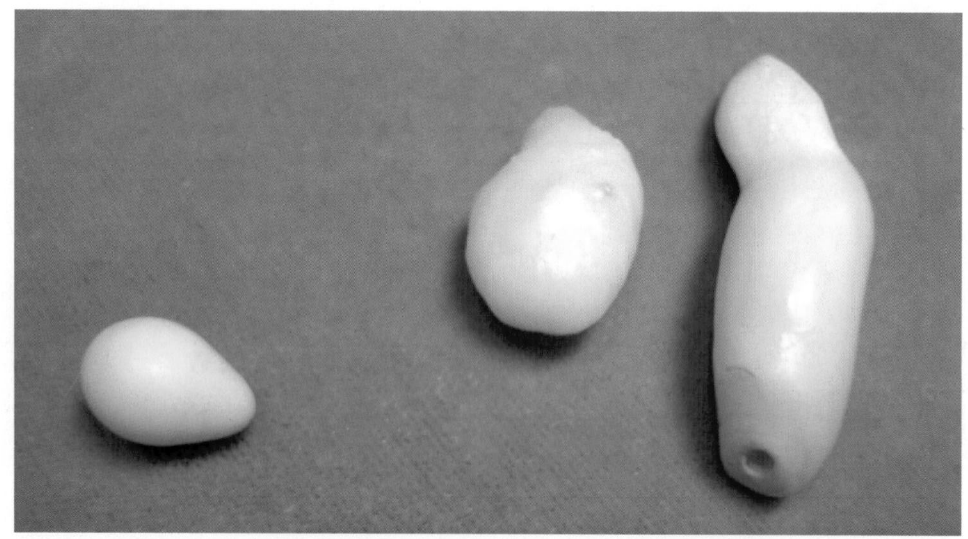

melo 珠有明顯的天然紋路

珍貴的天然孔克珠項鍊

日本珠 (Akoya)

為海水養殖珠。因其貝類而命名。主要產於日本，近來東部沿海與澳洲、印度也有少量生產。主要顏色為白、粉、淡黃，其中以粉色的價值最高。日本珠體型較小，幾乎不超過 9 公釐，收成到養殖約需一年到兩年，冬季為最佳採收期。

淡水珠

只要為淡水養殖的珍珠皆稱為淡水珠。大小形狀多元，顏色眾多，從白、米、粉、局、金黃、到粉紫皆有。淡水珠是養珠類型中產量最多的一種珍珠。因其貝類存活率高、排斥低，管理容易且營運成本較低，因此價格也較低。但因大量養殖，淡水珠的品質及形狀皆沒有其他種類來得高級。

金珠鑽墜 金珠 10.8mm

1. 為墨西哥天然海水珍珠。
2.3.4. 都是加勒比海稀有的康克珠 (孔克貝)。
紅色的康克貝十分珍貴。

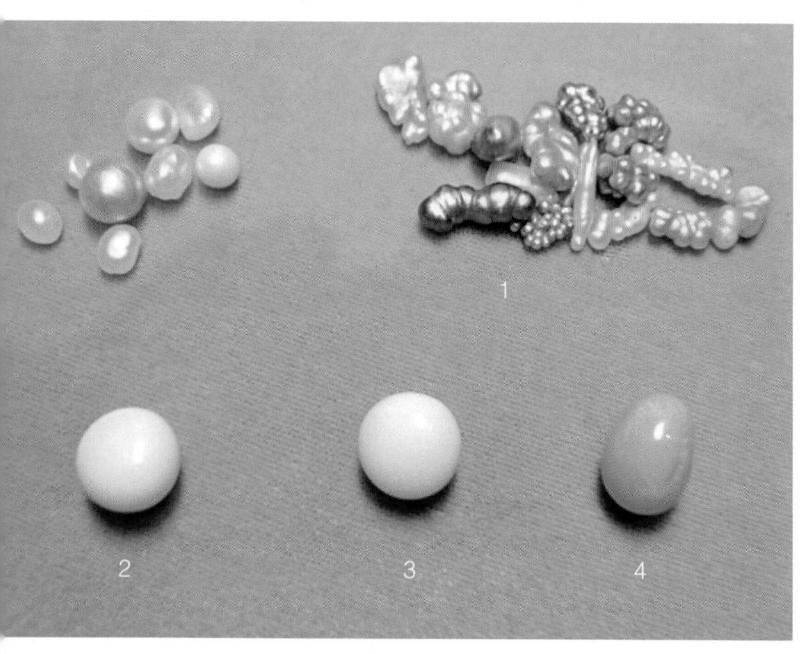

金珠彩剛鑽墜 金珠 12mm

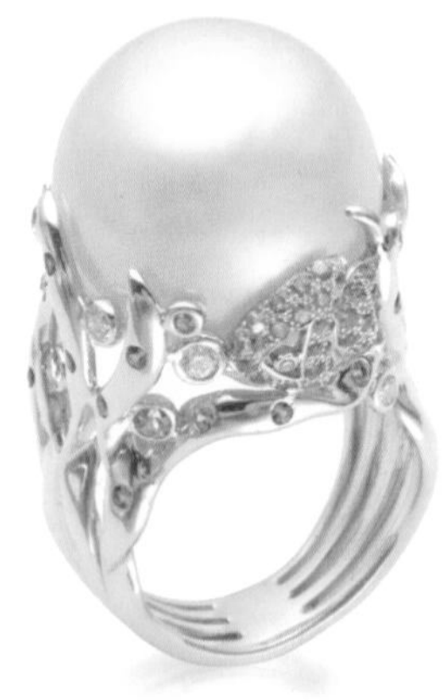

珍珠戒 珍珠 19mm 47.53 克拉

近年來中國大陸浙江一帶，在湖泊及河水中養殖，不但縮短了珍珠養成的時間，產量也大，因此降低珍珠的價格，但由於生長速度太快，品質良莠不齊，造成低檔貨充斥市場。如今，中國沿海產真珠已進步許多，改良品種稱為「明珠」。而高檔的大溪地黑唇貝的黑珍珠、南洋珠與金珠，依然是供不應求，為市場主流。

中國是世上最早利用珍珠的國家之一，四千多年以前《尚書禹貢》就早有計載有河蚌產珠。各國文獻、文學中也都有珍珠的蹤影與各種玄奇的故事。如中國四大美女之一

紅色的康克珠 (孔克珠) GIA

5355 Armada Drive
T: 760-603-4500

GIA Laboratories
Bangkok Carlsba
Johannesburg Mumbai
www.gia.edu

NATURAL PEARL IDENTIFICATION REPORT

July 6, 2012

GIA REPORT: 6132620673

GENERAL DESCRIPTION

One loose pearl.

Quantity:	1
Weight:	1.72 carats (6.88 grains)
Measurements:	10.32 x 5.69 x 5.31 mm
Drilling:	Undrilled

IDENTIFICATION

Pearl(s):	Natural pearl
Environment:	Saltwater
Mollusk:	Strombus gigas (conch)
Treatments:	No indications of treatment

DETAILED DESCRIPTION

Shape:	Semi-baroque drop
Bodycolor:	Pink and pinkish orange, Natural
Overtone:	N/A
Luster:	N/A
Surface:	N/A
Matching:	N/A

GIA LUSTER
EXCELLENT
VERY GOOD
GOOD
FAIR
POOR

GIA SURFACE
CLEAN
LIGHTLY SPOTTED
MODERATELY SPOTTED
HEAVILY SPOTTED

GIA MATCHING
EXCELLENT
VERY GOOD
GOOD
FAIR
POOR

COMMENTS
Mollusk identification is an expert opinion based on a collection of observations and analytical data.

710205464887

guarantee, valuation or appraisal and contains only the characteristics of the article described herein after it has been graded, tested, examined and analyzed by the laboratory providing
/or has been inscribed using the techniques and equipment used by GIA at the time of the examination and/or inscription. Inscriptions reported in this document are not a guarantee,
an article's quality, country of origin or source; or that the article will be identifiable by the inscription in the future (since inscriptions can be removed). GIA makes no
word, or symbol which is inscribed by GIA or which is identified on this Report. The recipient of this Report may wish to consult a

5355 Armada Dri
T: 760-603-45
GIA Laborat
Bangkok
Johannes
www.g

GIA GEMOLOGICAL INSTITUTE OF AMERICA®

GIA REPORT: 6132620687

NATURAL PEARL IDENTIFICATION REPORT

July 11, 2012

GENERAL DESCRIPTION

Two loose pearls.

Quantity:	2
Weight:	A) 3.06 carats (12.24 grains) B) 2.14 carat (8.56 grains)
Measurements:	A) 15.87 x 5.65 x 4.18 mm B) 13.74 x 7.22 x 3.20 mm
Drilling:	Undrilled

IDENTIFICATION

Pearl(s):	Natural pearls
Environment:	Saltwater
Mollusk:	Pteria species
Treatments:	No indications of treatment

DETAILED DESCRIPTION

Shape:	Baroque
Bodycolor:	A) Dark gray and gray, Natural B) White
Overtone:	Orient
Luster:	N/A
Surface:	N/A
Matching:	N/A

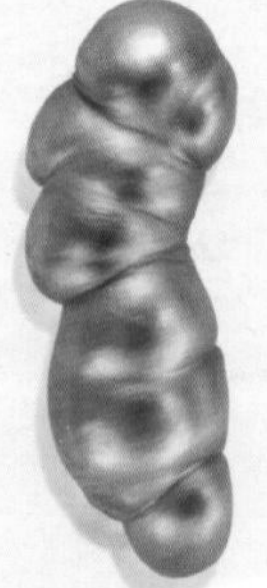

COMMENTS
Mollusk identification is an expert opinion based on a collection of observations and analytical data.

GIA GEMOLOGICAL INSTITUT

CULTURED PEARL IDENTIFICATION REPORT

June 18, 2012

GENERAL DESCRIPTION

One loose pearl.

Quantity:	1
Weight:	15.05 carats
Measurements:	12.92 x 12.80 x 12.70 mm
Drilling:	Undrilled

IDENTIFICATION

Pearl(s):	Bead cultured pearl
Environment:	Saltwater
Mollusk:	Pinctada maxima (gold-lipped pearl oys
Treatments:	No indications of treatment

ETAILED DESCRIPTION

ape:	Round
ycolor:	Orangy yellow, Natural
one:	None
	N/A
	N/A
	N/A

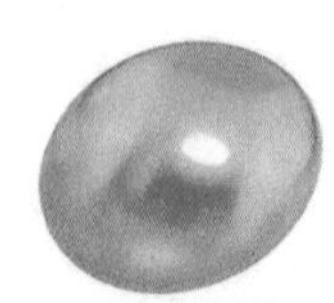

bed herein after it has been graded, tested, examined and analyzed by the labo
he examination and/or inscription. Inscriptions reported in the
e inscription in the future (since inscriptions
ipient of this Report may

GIA 在證書上天然與養殖有明確的註明
左圖 墨西哥天然非養殖的海水珠 GIA
右圖 養殖珍珠的 GIA 證書

的西施，相傳便是珍珠進入一浣紗婦人口內而出生。或傳說中鮫女的眼淚。希臘人則認為，珍珠是從擊打在海面上的雷電中誕生，蘊涵著愛與美，有如維納斯的誕生。埃及女皇也曾為情人安東尼舉辦奢華宴會，將罕見珍珠置入酒杯，一飲而盡，據説這杯特殊的酒相當於一百萬盎司白銀的價值。珍珠譽為珠寶皇后，同時也是貢品及皇室愛用的奢侈品，法國以它為國石，如巴黎街道上的路燈模仿的即是珍珠之形，地鐵的外觀則是牡蠣殼的模樣，可見人們對於珍珠的瑰麗與高雅，鍾愛不可一般。

不只可用來裝飾，珍珠也可入藥。在中藥學及現代研究中，則記載了美膚明目、提高免疫、補充鈣質等獨特作用。

真珠墜 真珠 13.8mm

古董孔克珠別針

珠寶學·學珠寶

JEWELRY 101

作 者／李承倫、伍穗華
美術編輯／林曉純、林立旂、翁采鳳、李銘仁、林庭瑋
責任編輯／伍穗華
企畫選書人／賈俊國

總 編 輯／賈俊國
副總編輯／蘇士尹
資深主編／劉佳玲
採訪主編／吳岱珍
行銷企畫／張莉滎 · 王思婕

發 行 人／何飛鵬
法律顧問／台英國際商務法律事務所 羅明通律師
出 版／布克文化出版事業部
台北市中山區民生東路二段 141 號 8 樓
電話：(02)2500-7008 傳真：(02)2502-7676
Email：sbooker.service@cite.com.tw
發 行／英屬蓋曼群島商家庭傳媒股份有限公司城邦分公司
台北市中山區民生東路二段 141 號 2 樓
書虫客服服務專線：(02)2500-7718；2500-7719
24 小時傳真專線：(02)2500-1990；2500-1991

劃撥帳號：19863813；戶名：書虫股份有限公司
讀者服務信箱：service@readingclub.com.tw

香港發行所／城邦（香港）出版集團有限公司
香港灣仔駱克道 193 號東超商業中心 1 樓
電話：+86-2508-6231 傳真：+86-2578-9337
Email：hkcite@biznetvigator.com

馬新發行所／城邦（馬新）出版集團 Cité (M) Sdn. Bhd.
41, Jalan Radin Anum, Bandar Baru Sri Petaling,
57000 Kuala Lumpur, Malaysia
電話：+603- 9057-8822 傳真：+603- 9057-6622
Email：cite@cite.com.my

印刷／韋懋實業有限公司
二版／ 2023 年（民 112） 4 月
售價／ 380 元

城邦讀書花園
www cite com tw

布克文化
WWW SBOOKER COM TW